電子商務
扶貧理論與實踐

起建凌◎著

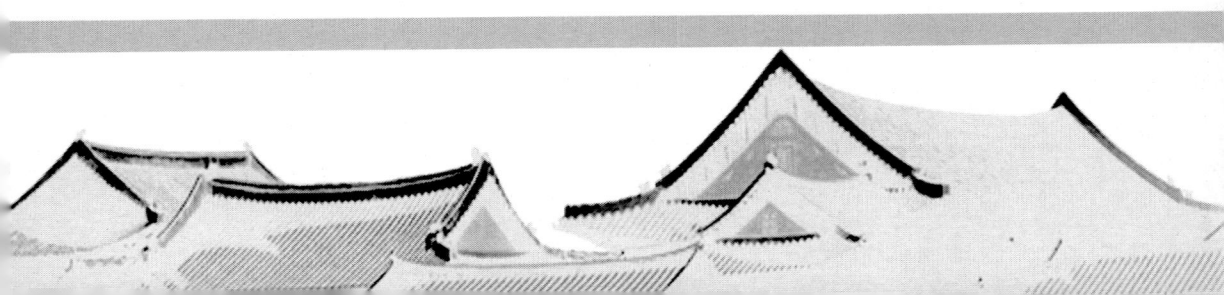

前　言

　　電子商務的飛速發展給農村貧困地區帶來了前所未有的福音，把電子商務納入農村扶貧的問題是一個創新性的做法。雖然電子商務不能解決農村貧困的所有問題，但是為農村扶貧提供了新的方式，電子商務有助於解決農村地區信息不對稱和信息閉塞的問題，是縮小城鄉差異的一條捷徑。

　　1984 年，國際電信聯盟著名的「美特蘭報告」——《缺失的環節》(the missing link)，是早期強調通過發展電子商務基礎設施促進發展中國家開發和減貧的重要文獻。1994 年和 1995 年，世界銀行連續兩年的報告都提到了「利用信息來發展」(Information for Development, IN4D)，1995 年還專門設立了名為 Informed 的基金。隨著互聯網的快速發展，「數字鴻溝」問題強烈觸動了各國發展戰略決策者們的神經，重視信息化、互聯網發展不平衡帶來的信息貧富差距，強調加快信息化、將信息通信技術和電子商務技術用於減貧成為國際上熱議的主題和許多人的共識。聯合國 2003 年、2005 年兩次召開世界信息社會峰會，更是把信息通信技術作為實現聯合國「千年宣言」制定的發展目標的手段，明確指出，要堅定不移地賦予窮人，特別是生活在邊遠地區、農村和邊緣化城區的窮人，獲得電子信息和使用信息通信技術的能力，使其擺脫貧困。

　　2008 年，國家扶貧辦啓動了信息化扶貧工程。特別是從 2014 年以來，電商扶貧開始得到有關各方的關注。中央政府和地方政府不斷推進電子商務扶貧工作。中國扶貧基金會、友成基金會、中國國際扶貧中心、中國扶貧發展中心等機構，在電子商務扶貧方面紛紛採取行動。阿里巴巴、京東等電子商務企業，把電子商務扶貧納入履行企業社會責任的重要議事日程。電子商務平臺和電子商務園區的營運者、電子商務培訓機構，也在當地政府的鼓勵下，開始嘗試尋找電商與扶貧的結合點。各大網商帶有扶貧開發性質的業務和項目，得到了政府和社會企業更多的肯定和支持。同時，在群眾團體中，各地團組織、大學生村幹部、殘聯和有關的慈善組織在電子商務方面也很活躍，起到了「領頭羊」的作用。

　　截至 2014 年 6 月，中國網民中農村網民占比為 28.2%，農村網民規模達 1.78 億，為發展農村電子商務提供了前提條件。電子商務可以打破地域的限制，也可以突破資源的限制，低門檻和市場機會為電子商務扶貧創造了重要的市場生態環境。隨著電子商務扶貧工作的不斷推進，農民從利用電子網路賣農產品、土特產的初級階段，發展到聯繫當地工廠，採取品牌分銷代理、代發貨、委託加工等多種形式，並嘗試銷售當地的優勢產品。電子商務的應用正成為拉動貧困地區經濟發展的新動力。

　　借助電子商務進行農村扶貧是一項社會性服務，通過互聯網技術增加農民收入、發展

農村經濟以解決農村貧困問題。國內農村電子商務扶貧的主要障礙有農產品本身特點的制約、思想認識方面的限制、基礎設施問題、資金問題、技術問題、人才問題、組織方面的問題。可以加強政府扶持、加大資金投入、強化組織建設、整合各項資源和加快人才培養來進一步推動農村電子商務扶貧進程。隨著網路經濟的建設和發展，制約電子商務扶貧的因素將越來越少，電子商務扶貧工作一定會走上健康發展的快車道。

　　本書主要對電子商務扶貧問題進行理論研究和實踐探索。本書內容著重於電子商務與農村貧困關係、農村電子商務扶貧模式構建和電子商務扶貧障礙分析與對策研究，對中國農村電子商務扶貧工作具有理論借鑑意義，為農村電子商務扶貧提供有益的理論支持和實踐指導。

作　者

目　錄

第一章　電子商務 / 1
　　第一節　電子商務的概念 / 1
　　第二節　電子商務的發展現狀 / 5
　　第三節　電子商務的特徵與功能 / 8
　　第四節　電子商務的營運和盈利模式 / 11

第二章　農村電子商務 / 15
　　第一節　農村電子商務的概念 / 15
　　第二節　農村電子商務的發展現狀 / 16
　　第三節　電子商務對農村發展的促進作用 / 17
　　第四節　中國農村電子商務發展綜述 / 19

第三章　貧困 / 22
　　第一節　概念和標準 / 22
　　第二節　國際貧困的理論研究 / 23
　　第三節　國際反貧困實踐對中國的借鑑經驗 / 24

第四章　中國農村扶貧 / 27
　　第一節　中國農村扶貧的發展進程 / 27
　　第二節　中國農村扶貧的現狀 / 31
　　第三節　現階段中國農村扶貧的問題與難點 / 33
　　第四節　現階段中國農村扶貧的主要模式 / 34

第五章　電子商務與農村扶貧 / 40
　　第一節　中國電子商務扶貧的發展現狀 / 40
　　第二節　電子商務與農村貧困的關係 / 42
　　第三節　農業電子商務扶貧的 SWOT 分析 / 44

第六章　電子商務農村扶貧模式／ 52

　　第一節　電子商務農村扶貧模式概述／ 52

　　第二節　幾種主要的電子商務農村扶貧模式／ 54

　　第三節　電子商務農村扶貧模式的發展思路／ 58

第七章　電子商務扶貧的障礙分析與對策／ 62

　　第一節　電子商務扶貧的障礙分析／ 62

　　第二節　電子商務扶貧的對策／ 73

第八章　電子商務扶貧案例／ 78

　　第一節　東部地區電子商務扶貧案例／ 78

　　第二節　西部地區電子商務扶貧案例／ 90

參考文獻／ 101

附錄　電子商務扶貧的相關政策／ 103

　　附錄1　電子商務扶持政策／ 103

　　附錄2　農村電子商務扶持政策／ 140

第一章　電子商務

第一節　電子商務的概念

一、電子商務的概念

(一) 廣義和狹義電子商務

電子商務是由電子和商務兩個概念組成。商務即行為，是指在市場經濟中，人們的交易活動，即在分工的基礎上不同勞動的等價交換。電子即技術，是指實現行為的手段，主要包括計算機和網路。因此，電子商務就是用電子手段從事的商務活動。我們一般認為，廣義的電子商務 EB（Electronic Business）是指使用各種電子手段，包括生產、流通、交易等環節從事的商務活動。狹義的電子商務 EC（Electronic Commerce）是指基於互聯網的、以商品交換為中心的商務交易活動。

電子商務並非是一個單純的技術或者商務的概念，而是兩者的有機結合。在電子商務運作的過程中，傳統的基於紙張或一般介質的商業運作方式被電子方式和網路技術所替代，這種技術上的創新正在不斷更新人們的商務活動方式，為一系列商務活動提供便利。

(二) 世界電子商務會議對電子商務下的定義

1997 年 11 月，世界電子商務會議在法國巴黎舉行。全世界的專家學者以及政府部門的眾多代表對電子商務的概念進行了共同的探討。會議給電子商務下了權威定義：電子商務是對整個貿易活動實現電子化，從外延方面可以定義為交易方以電子交易的方式進行商業交易。其中，技術包括交換數據、獲得數據以及自動捕獲數據等；商務包括信息交換、售前和售後服務、銷售、電子支付、傳遞服務、交易管理等。

全球信息基礎設施委員會（Global Information Infrastructure Committee，GIIC）電子商務工作委員會報告草案中對電子商務下的定義是：電子商務是運用電子通信作為手段的經濟活動，通過這種方式人們可以對帶有經濟價值的產品和服務進行宣傳、購買和估算。這種交易的方式不受地理位置、資金的多少以及零售渠道所有權的影響，電子商務能使產品在世界範圍內交易並向消費者提供多種多樣的選擇。

聯合國經濟合作和發展組織（OECD）在關於電子商務的報告中對電子商務下的定義是：電子商務是發生在開放網路上的包含企業與企業、企業與消費者之間的商務交易。

歐洲會議給電子商務下的定義是：電子商務是通過電子方式進行的商務活動。它通過電子方式處理和傳遞數據，包括文本、聲音和圖像。它涉及許多方面的活動，包括貨物電

子貿易和服務、在線數據傳遞、電子資金劃撥、電子證券交易、電子貨運單證、商業拍賣、合作設計和工程、在線資料、公共產品獲得。它包括了產品和服務、傳統活動（例如運動、健身、體育）和新型活動（虛擬購物、虛擬訓練）。

加拿大電子商務協會給電子商務下的定義是：電子商務是通過數字通信進行商品和服務的買賣以及資金的轉帳，還包括公司間利用電子郵件、電子數據交換、文件傳輸、傳真、電視會議、遠程計算機聯網所能實現的全部功能。

美國政府在《全球電子商務政策框架》中，簡明扼要地指出，電子商務是通過因特網進行的各項商務活動，包括廣告、交易、支付、服務等活動。

（三）部分信息技術（IT）公司對電子商務下的定義

國際商業機器公司（IBM）認為，電子商務是指利用互聯網技術變革企業核心業務的流程。

惠普公司（HP）認為，電子商務是指從售前服務到售後支持的各個環節實現電子化、自動化；電子商務是電子化世界的重要組成部分，使我們以電子交易手段完成物品和服務等價值交換；電子商務通過商家及其合作夥伴和用戶建立不同的系統和數據庫，使用客戶授權和信息流授權方式，應用電子交易支付手段和機制，保證整個電子商務交易的安全性。

康柏公司（COMOAQ）認為，電子商務是一個以互聯網為構架，以交易雙方為主體，以銀行支付和結算為手段，以客戶數據庫為依託的全新商業模式。

（四）部分學者對電子商務下的定義

美國學者瑞維卡拉克塔等在專著《電子商務的前沿》中給出的定義：電子商務是一種現代商業方法，可以改善產品和服務質量，提高服務傳遞速度，滿足政府組織、廠商和消費者降低成本的需求，通過計算機網路將買方和賣方的信息、產品和服務聯繫起來。

李琪（陝西財經學院電子商務研究所）給出如下定義：廣義上，電子商務是指人們應用各種電子手段來從事商務活動的方式，是電子商務化——電子工具（從電報、電話到國家資訊基礎建設、全球信息基礎設施和互聯網）在商業上的應用。狹義上，它是電子商務系統在技術、經濟高度發達的現代社會裡，掌握信息技術和商務規則的人，系統化運用電子工具，高效率、低成本地從事以商品交換為中心的各種活動的總稱。

二、扶貧的概念

（一）國際上對扶貧的定義

聯合國的一份文件對扶貧的定義是：為人們提供「發展所需的必要和基礎的選擇的條件和機會」。諾貝爾經濟學獎得主阿瑪蒂亞·森認為，貧困的真正含義是貧困人口創造收入能力和機會的貧困；貧困意味著貧困人口缺少獲取和享有正常生活的能力。例如，美國是一個經濟高度發達的國家，面臨的貧困問題是相對貧困。因此，每年聯邦和各州政府都預算專門資金用於扶貧。2009年年初美國通過了復甦和再投資法案，該法案既是應對金融危機的法案，也是重要的扶貧法案。

（二）中國對扶貧的定義

扶貧的定義有廣義和狹義之分。狹義的扶貧通常是指政府和社會通過某些措施，增加具有正常勞動能力的窮人的就業機會，提高窮人的勞動生產率，來增加窮人的可支配收入，

以達到扶貧的目的。廣義的扶貧則指使用包括生產性和分配性的措施，直接或間接增加所有窮人的收入。因此，廣義的扶貧包括狹義的扶貧和通過各種社會福利政策或制度增加窮人的可支配收入兩個主要方面。

從扶貧戰略研究的角度看，所有的貧困可以歸結為兩種主要類型：一種是資源或條件制約型貧困；另一種是能力約束型貧困。前者通常表現為區域性貧困，後者則表現為個體貧困。這兩種貧困還依各自的制約強度形成若干亞貧困類型。如資源型貧困可再分為邊際土地型的貧困和資源結構不合理形成的貧困。在邊際土地地區，私人對土地的投入形成的收益一般很難彌補所投入的支出，不過這類地區通常又是生態脆弱地區，對它過度開發或棄之不管，都有可能引起環境惡化。因此，從長遠看，政府對這類地區進行保護性開發可以產生一定的社會生態效益。也就是說，對邊際土地投入的社會收益大於私人收益。政府對邊際土地的開發應以國土開發和整治為目標。在資源結構不合理地區的貧困主要是因資金缺乏或交通、通信、能源等基礎設施嚴重落後導致的，扶貧最好能夠和區域經濟開發結合起來。具體來說，對於資金缺乏引起的貧困，主要應通過為這部分窮人提供解決資金問題的有效途徑來緩解；由基礎設施制約產生的貧困，需要通過改善基礎設施來緩解。能力型貧困又可分為喪失勞動能力（包括體力和智力）導致的貧困和缺乏專業技能引起的貧困。一般來說，因喪失勞動能力形成的貧困戶或人口主要屬於社會保障或救濟的對象，對這部分貧困戶或人口進行開發性扶持，不可能產生好的效果。

中國政府和社會通過制訂具體的計劃、步驟和措施，幫助貧困地區開發經濟，從根本上擺脫貧困；同時通過把各有關部門和社會各方面的力量全面調動起來，使之互相配合，來幫助貧困地區和貧困戶開發經濟、發展生產、擺脫貧困，共同為貧困戶和貧困地區的開發提供幫助。

其主要內容與特點包括以下幾點：

第一，有近期、遠期的規劃和明確的目標，並有為實現規劃要求而制訂的具體計劃、步驟和措施。把「治標」和「治本」有機地結合起來，以「治本」為主。

第二，不僅幫助貧困戶通過發展生產來解決生活困難，更重要的是幫助貧困地區開發經濟，從根本上擺脫貧困，走勤勞致富的道路。

第三，把政府各有關部門和社會各方面的力量全面調動起來，使之互相配合，共同為貧困戶和貧困地區開發提供幫助。

三、電子商務扶貧的概念及內容

(一) 電子商務扶貧的概念

結合電子商務和扶貧的相關基本概念，我們認識到電子商務扶貧概念的基本定義。電子商務扶貧，即政府以及社會各部門企業依靠互聯網技術並利用電子商務平臺，幫助貧困地區農民銷售農特產品、旅遊商品及服務等，幫助農民依託電子商務平臺在網上購買所需生產生活資料，進行一些網上交易活動等，並提供信息、技術、資金等一系列服務，以達到提高農民收入、縮小城鄉地區間差異，並幅射帶動更多的山鄉群眾發家致富的目的，從而提高貧困地區扶貧效率的一種扶貧模式。

從政府層面來看，電子商務扶貧即利用網路構建「電子化政府」或「連線政府」來提

高政府工作效率，以便更有效地為貧困地區和相關扶貧部門提供更廣泛、更便捷的信息及服務。國家和政府通過電子商務技術，運用信息及通信技術打破行政機關的組織界限，使得國家與個人可以從不同的渠道取得政府提供的信息及服務。各政府機關之間及政府與社會各界之間也可以經由各種電子化渠道進行相互溝通並為貧困地區提供多種形式、方便快捷的服務，以此來提高政府貫徹落實貧困地區扶貧的相關政策。同時，它也為貧困地區的產品構建一個良好的電子商務銷售渠道，通過電子商務的形式搭建貧困地區產品與消費者的交易平臺，以此來解決貧困地區產品銷售難的問題，從而帶動貧困地區優勢產業的發展，推動貧困地區整體經濟發展。

（二）電子商務扶貧的主要內容

1. 產品的網上銷售

它即是通過網上批發和網上零售等銷售農產品的新型形式，把貧困地區農民群眾需要出售的農特產品、土特產、中藥材、民俗服飾等一系列商品放到網店出售，通過低投資成本和高回報率的線上交易幫助貧困地區農民達到創富增收的目的。

2. 生產生活資料的購買

農民從「淘寶」「京東」等網站上商城，或進行代購，購買物美價廉的生活日常用品及大型電器，節約了生活開支，極大地方便了農民的衣食住行。同時，從網上購買生產所需農資農具，既降低了生產成本，又節省了時間，在開源增收的同時，實現了節流。

3. 農民自主創業就業

當地政府通過基礎知識培訓及相應的啟動資金支持，將幫扶對象和貧困群眾作為培訓重點，幫助他們掌握電子商務知識，乃至手把手教他們開辦自己的網店，並提供後續諮詢服務。扶持貧困地區家庭進行網上銷售創業，除帶來大量直接就業外，還能帶來收購倉儲、物流運輸、產品包裝等除種養殖業以外的一些輔助產業的就業。通過各類農村電子商務營運網點吸收農村婦女、殘疾人士等就業，吸引農民工返鄉創業就業，引導農民立足農村、對接城市，探索農村創業新模式。讓貧苦農民積極主動地創業致富，而不是一味地接受國家救濟，被動生存。

4. 網路信息資源共享

通過網路資源方便農民網商、企業及消費者進行農產品的信息查詢、招標拍賣、網上結算、物流追蹤、品牌認證等電子商務活動，方便農民供應商與企業採購商通過電子商務平臺閱覽大批量的訂單和選購產品，從而更有效地實現供需匹配。

同時，可以將農家樂餐飲、住宿、娛樂等有關信息發布在網上並及時更新，既滿足遊客的需要，又幫助當地農民增收。通過網上圖片及視頻展示的農村美景、文化、美食吸引遊客，從而有力地促進了農村旅遊產業的快速發展。通過網路渠道強化社會資源的統籌，包括政府推動當地優勢特色農產品的開發、宣傳與推廣，動員企業與社會各界與農村對接，擴大農村特色旅遊開發等。

5. 社會化服務保障

在通過網路電子商務平臺整合農村產供銷營運環節的同時，國家和政府也會相應地提供一些社會化的輔助服務，完善貧困地區的社會化服務體系，例如種養技術及加工技術的在線教學、農產品信息和農資管理的在線查詢等服務。在完善農村物流配送體系的同時，

反向推動貧困地區道路交通等基礎設施建設。國家和社會也會在農村電子商務運作的產業鏈過程中提供相應的定向資金和融資服務以及政策、技術諮詢服務等，給予電腦等設備配置和報酬方面的補貼，將國家扶貧資金準確地用於貧困對象，完善農村社會化服務體系；同時逐步疊加網上手機充值、票務代購、水電氣費繳納、小額取現等功能，進一步提高農村生產和生活服務水平。

第二節　電子商務的發展現狀

一、電子商務的形成與發展

　　電子商務的發展，得益於全球經濟一體化的迅速發展，得益於信息處理技術及通信技術的發展與成熟，特別是互聯網（Internet）技術的不斷完善。商務活動是一切交易行為的泛稱，不僅指在具體、有形的商店裡的經營，而且包括商品從生產製造到最終消費的全過程。隨著全球經濟朝著國際化、一體化方向發展，世界範圍內的商務活動將日益增多，跨越國家、地區的商務活動也將迅速發展。因此，商務活動的自動化是提高這種跨國商務活動效率的重要手段，電子商務自然成為全球經濟一體化的「弄潮兒」。

　　（一）電子商務的形成

　　早在1839年，當電報技術發明應用時，人們就已經開始討論如何運用電子手段來進行商務活動。從技術的角度看，人們利用電子通信的方式進行貿易活動已經有幾十年的歷史。早在20世紀60年代，人們就開始利用電報發送商務文件，20世紀70年代，人們又普遍採用傳真機代替電報。但是由於傳真文件是通過紙面打印信息，不能將信息直接錄入信息系統中，因此，人們開始採用電子數據交換作為企業間電子商務的應用技術，從此電子商務便初具規模。

　　電子商務是與計算機技術、網路通信技術相互促進從而發展的。它最初起源於計算機的電子數據處理技術。一些文字處理軟件和電子表格軟件大大地促進了政府、企業和個人的物資採購和文件處理能力；同時，銀行之間的電子資金轉帳技術與企業之間電子數據交換技術的結合，也促進了現代電子商務的發展。

　　（二）全球電子商務的發展

　　縱觀全球電子商務市場，各地區發展並不平衡，呈現出美國、歐盟、亞洲「三足鼎立」的局面。美國是世界上最早發展電子商務的國家，同時也是電子商務發展最為成熟的國家，一直引領全球電子商務的發展，是全球電子商務的發達地區。全球電子商務銷售額的80%發生在美國，美國在競爭中的優勢地位是以其資金、技術的高投入和完備的信息基礎設施建設作為基礎的。歐盟電子商務的發展起步較美國晚，但發展速度快，成為全球電子商務較為領先的地區。亞洲作為電子商務發展的新秀，市場潛力較大，是全球電子商務的持續發展地區。亞洲地區人口眾多，網民規模快速增長，互聯網發展空間大，經濟增長快速、用戶消費需求提高，這些原因都將促進亞洲地區網路購物市場的快速發展。電子商務發展較好的國家，如日本、新加坡、韓國等，有著較為完備的信息基礎設施。

　　總體上來看，全球電子商務發展經歷了兩個階段：

1. 基於 EDI 的電子商務（20 世紀 60 年代~20 世紀 90 年代）

EDI（Electronic Data Interchange）是將業務文件按一個公認的標準，從一臺計算機傳輸到另一臺計算機的電子傳輸方法，也被人們稱為「無紙交易」。

EDI 在 20 世界 60 年代末產生於美國，當時貿易商在使用計算機處理各類文件的同時發現，由人工輸入一臺計算機中的數據百分之七十來源於另一臺計算機輸出的文件，由於一系列人為因素影響了數據的準確性和工作效率，因此，人們開始嘗試貿易夥伴之間的計算機數據能夠自動交換，因而產生了 EDI。

從技術上講，EDI 包括硬件與軟件兩大部分。硬件主要是計算機網路，軟件包括計算機軟件和 EDI 標準。

從硬件方面講，20 世紀 90 年代之前的大多數 EDI 都不通過 Internet，而是通過租用的電腦線在專用網路上實現，這類專用的網路被稱為增值網（Value Addle Network，VAN）。這樣做的目的主要是考慮到安全問題。但隨著 Internet 安全性的日益提高，作為一個費用更低、覆蓋面更廣、服務更好的系統，其已表現出替代 VAN 而成為 EDI 的硬件載體的趨勢，因此有人把通過 Internet 實現的 EDI 直接叫作 Internet EDI。

從軟件方面看，EDI 所需要的軟件主要是將用戶數據庫系統中的信息翻譯成 EDI 的標準格式以供傳輸交換。由於不同行業的企業是根據自己的業務特點來規定數據庫的信息格式的，因此，當需要發送 EDI 文件時，從企業專有數據庫中提取的信息，必須把它翻譯成 EDI 的標準格式才能進行傳輸，這時就需要相關的 EDI 軟件支撐。

2. 基於國際互聯網的電子商務（20 世紀 90 年代至今）

20 世紀 90 年代中期，國際互聯網逐步從大學和科研機構向企業覆蓋。從 1991 年開始，一些商業貿易活動開始正式進入互聯網。例如，1998 年 5 月美國戴爾公司的在線銷售額達 500 萬美元。亞馬遜網上書店的營業額從 1996 年的 1,580 萬美元猛增到 1998 年的 4 億美元。易貝（eBay）公司作為最大的網上拍賣市場，1998 年第一季度的銷售額就達 1 億美元。

（三）中國電子商務的發展

中國開展電子商務及其研究起步較晚，始於 20 世紀 90 年代初，直到 2000 年召開第四屆中國國際電子商務大會才引起社會各界的廣泛關注。中國在電子商務方面做了大量工作，進行了積極的研究探索，這大大促進了中國電子商務的發展。

1993 年，電子商務概念首次被引入中國；中國國際電子商務中心於 1996 年 2 月成立；1997 年中國電子數據交換技術委員會成立；1998 年 7 月 1 日，中國商品數據庫和網上虛擬採購基地由政府第一次牽頭組織，中國商品市場正式進入 Internet；從 1999 年開始，電子商務在中國由概念向實踐轉變；2000 年 6 月，中國電子商務協會正式成立，這個機構有力地推動了中國電子商務的發展。

從發展區域來看，電子商務發展呈現典型的塊狀經濟特徵，東南沿海屬於較發達地區，北部和中部屬於快速發展地區，西部則相對落後。就目前中國企業開展電子商務的現狀來看，傳統企業開展電子商務普遍存在基礎設計薄弱、投資方向盲目、技術不高、決策層對市場認識不夠等問題。

2004 年 8 月，《中華人民共和國電子簽名法》頒布，這是中國信息化領域的第一部法律。它從法律制度上保障了電子交易安全，促進了電子商務和電子政務的發展，為電子認

證服務業發展創造了良好的法律環境，為電子商務安全認證體系和網路信任體系的建立奠定了重要基礎。2005年1月《國務院辦公廳關於加快電子商務發展的若干意見》提出了加快電子商務發展的五項基本原則：政府推動與企業主導相結合、營造環境與推廣應用相結合、網路經濟和實體經濟相結合、重點推進和協調發展相結合、加快發展與加強管理相結合。《2006—2020年國家信息化發展戰略》提出了中國電子商務發展的「行動計劃」：營造環境、完善政策、發揮企業主體作用，大力推進電子商務；加快信用、認證、標準、支付和現代物流建設；完善結算清算信息系統；探索多層次、多元化的電子商務發展方式。2012年商務部出抬新政策力促電子商務的發展。2014年，國家工商行政管理總局審議通過了《網路交易管理辦法》。

自2005年以來，中國電子商務市場交易額穩定增長，2007年中國電子商務市場規模突破17,000億元。近年來，網路購物發展迅猛，據有關機構分析，2011年上半年網路零售交易額達3,707億元，同比增長74%。截至2011年6月，中國網購用戶規模達1.73億人次。2012年11月30日晚9點50分，阿里巴巴集團旗下淘寶和天貓的本年度交易額突破10,000億元。互聯網環境下電子商務的本質，絕不是以前很多人理解的「虛擬經濟」。實際上，電子商務是實實在在的新經濟，是互聯網信息技術和傳統實體經濟完美融合的一種新經濟模式。這種新經濟模式能有效整合現有資源，切實降低企業發展成本，提升小企業的競爭實力，極大地提高社會整體效率。

同時，寬帶網路的建設為電子商務活動提供了良好的技術基礎。信息流、物流的應用方法在不斷地發展。一些網上支付、物流配送和金融信用等電子商務系統的重要環節正在迅速發展。電子商務自身的應用模式也在不斷豐富和完善。各種獨具特色的商業應用模式層出不窮，商業網站大量出現。網上書店、網上商城、網上拍賣、網路郵購、網路炒股等為電子商務提供了豐富的內容。

二、電子商務在扶貧方面的應用和發展

（一）世界範圍內電子商務扶貧的應用和發展情況

在國際方面，1984年，國際電信聯盟著名的「美特蘭報告」——《缺失的環節》，是早期強調通過發展電子商務基礎設施促進發展中國家開發和減貧的重要文獻。1994年和1995年，世界銀行連續兩年的報告都提到了IN4D，1995年還專門設立了名為Informed的基金。隨著互聯網的快速發展，「數字鴻溝」問題更是強烈觸動了各國發展戰略決策者們的神經，重視信息化、互聯網發展不平衡帶來的信息貧富差距，強調加快信息化、將信息通信技術和電子商務技術用於減貧成為國際上熱議的主題和許多人的共識。聯合國2003年、2005年兩次召開世界信息社會峰會（WSIS），更是把信息通信技術作為實現聯合國「千年宣言」制定的發展目標的手段，明確指出，要堅定不移地賦予窮人，特別是生活在邊遠地區、農村和邊緣化城區的窮人，獲得電子信息和使用信息通信技術的能力，使其以此擺脫貧困。

（二）中國電子商務扶貧的應用和發展情況

在中國方面，據統計數據[1]顯示，2009年年底中國農村網民數量首次突破1億，年增

---

[1] 數據來自中國互聯網路信息中心（CNNIC）發布的《2009年中國農村互聯網發展狀況調查報告》。

幅為 26.25%。CNNIC 發布的《第 33 次中國互聯網路發展狀況統計報告》顯示，截至 2013 年年底，中國網民中農村人口占比為 28.6%，規模達 1.77 億，相比 2012 年增長 2,101 萬人。隨著城鎮化的持續推進，特別是 4G 網的推出、3G 網的普及、移動設備和無線應用下鄉等，極大地促進了農村網民，尤其是農村手機網民數量的增加。農村網路市場將成為互聯網發展主力。除了規模增大，一些農民網商已經從賣農產品、土特產的初級階段，發展到了聯繫當地工廠，採取品牌分銷代理、代發貨、委託加工等多種形式，並嘗試銷售當地的優勢產品，形成了集群化的趨勢。

早在 2008 年，國家扶貧辦就啟動了信息化扶貧工程。特別是從 2014 年以來，電子商務扶貧開始得到有關各方的關注。在政府方面，地方政府尤其是甘肅、廣東、重慶等地加大力度推進電子商務扶貧工作。在扶貧界，中國扶貧基金會、友成基金會、中國國際扶貧中心、中國扶貧發展中心等機構，在電子商務扶貧方面紛紛採取行動。其中阿里巴巴、京東等電子商務企業，把電子商務扶貧納入履行企業社會責任的重要議事日程。各地電子商務平臺和電子商務園區的營運者、電子商務培訓機構，也在當地政府的鼓勵下，開始嘗試尋找電子商務業務與扶貧的結合點。各大網商帶有扶貧開發性質的業務和項目，得到了政府和社會企業更多的肯定和支持。同時在群眾團體中，各地團組織、殘聯和有關慈善組織在電子商務方面也很活躍，起到了「領頭羊」的作用。尤其是電子商務基礎好或扶貧任務重的地區，如蘇北睢寧、貴州銅仁、山東臨沂、江西寧都老區、甘肅成縣等地區，電子商務的應用正在成功地拉動貧困地區經濟的發展。

由此可見，隨著國家啟動新一輪扶貧攻堅政策，隨著電子商務主流化趨勢的加快，電子商務在扶貧方面的應用正以驚人的速度迅速擴張。

第三節　電子商務的特徵和功能

一、電子商務的特徵

電子商務在全球各地通過計算機網路進行並完成各種商務活動、交易活動、金融活動和相關的綜合服務活動。在一個不太長的時間內，電子商務已經開始改變人們長期以來習以為常的各種傳統貿易活動的內容和形式。相對於傳統商務和 EDI 商務，我們可以將電子商務的特點歸納為以下幾點：

（一）普遍性

電子商務作為一種新型的交易方式，將生產企業、流通企業以及消費者和政府帶入了一個網路經濟、數字化生存的新天地，降低了交易成本和對人們認知能力的要求。

（二）方便性

在電子商務環境中，人們不再受地域和時間的限制，客戶能以非常簡捷的方式完成過去較為繁雜的商務活動，如通過網路銀行能夠全天候地存取資金、查詢信息等，大大提高了企業的客戶服務質量；電子商務大大降低了在所有市場參與者之間的信息不對稱程度。商家可以瞭解更多的消費者信息，並更有效地製造、利用新的信息不對稱，無限細分市場，組成價格聯盟。

（三）整體性

電子商務基於統一的互聯網技術標準、規範事務處理的工作流程，將人工操作和電子信息處理集成一個不可分割的整體。這樣不僅能提高人力和物力的利用效率，也可以提高系統運行的嚴密性。

（四）安全性

在電子商務中，安全性是一個至關重要的核心問題，它要求網路能提供一種端到端的安全解決方案，如加密機制、簽名機制、安全管理、存取控制、防火牆、防病毒保護等。這與傳統的商務活動有著很大的不同。

（五）層次性

電子商務具有層次性特點。任何個人、企業、地區和國家都可以建立自己的電子商務系統，這些系統的本身都是一個獨立、完備的整體，都可以提供從商品的推銷到購買、支付的全過程服務。但是，這樣的系統又是更大範圍或更高一級的電子商務系統的一個組成部分。因此，在實際應用中，常將電子商務分為一般電子商務、國內電子商務和國際電子商務等不同的級別。另外，也可以從系統的功能和應用的難易程度對電子商務進行分級，較低級的電子商務系統只涉及基本網路、信息發布、產品展示和貨款支付等，各方面的要求較低；而進行國際貿易的電子商務系統，不僅技術要求高，而且涉及稅收、關稅、合同法及銀行業務等，結構也比較複雜。

二、電子商務的功能

建立在 Internet 上的電子商務不受時間和空間的限制，可以每天 24 小時且不受區域限制地運行，在很大程度上改變了傳統商貿的形式。電子商務以在網上快速安全傳輸的數據信息電子流代替了傳統商務的紙面單證和實物流的傳送，對企業來講，提高了工作效率，降低了成本，擴大了市場，必將產生可觀的社會效益和經濟效益。相對於傳統商務活動，電子商務具有不可替代的功能。

1. 廣告宣傳

電子商務可以使企業通過自己的萬維網服務器、網路主頁和電子郵件在全球範圍內進行廣告宣傳，在 Internet 上宣傳企業形象和發布各種商品信息。客戶用網路瀏覽器即可以迅速找到所需要的商品信息。與其他廣告形式相比，網路廣告成本較為低廉，而給顧客的信息量卻極為豐富。

2. 諮詢洽談

電子商務使企業可借助非即時的電子郵件、新聞組（News Group）和即時的討論組（Chat）來瞭解市場和商品信息，洽談交易事務，如有進一步的需求，還可利用網上的白板會議、電子公告牌系統（BBS）來交流即時的信息。網上的諮詢和洽談能超越人們面對面洽談的限制，提供多種方便的異地交談形式。

3. 網上訂購

企業的網上訂購系統通常都是在商品介紹的頁面上提供十分友好的訂購提示信息和訂購交互表格，當客戶填完訂購單後，系統會作出回覆，確認信息單，並表示訂購信息已收悉。電子商務的客戶訂購信息採用加密的方式，使客戶和商家的商業信息不會洩漏。

4. 網上支付

網上支付是電子商務交易過程中的重要環節，客戶和商家之間可採用信用卡、電子錢包、電子支票和電子現金等多種電子支付方式進行網上支付，節省交易開銷。對於網上支付的安全問題，已有實用技術可以較好地解決，以保證信息傳輸的可靠性。

5. 電子帳戶

網上支付是指由銀行、信用卡公司及保險公司等金融單位提供包含電子帳戶管理在內的金融服務，客戶的信用卡號或銀行帳號是電子帳戶的標誌，是客戶所擁有的金融資產的標誌代碼。電子帳戶通過客戶認證、數字簽名、數據加密等技術措施，保證操作的安全性。

6. 服務傳遞

電子商務通過服務傳遞系統將客戶訂購的商品盡快地傳遞到已訂貨並付款的客戶手中。對於有形的商品，服務傳遞系統可以通過網路對本地和異地的倉庫或配送中心進行物流的調配，並通過物流服務部門完成商品的傳送；而對無形的信息產品，如軟件、電子讀物、信息服務等，則應立即從電子倉庫中將商品通過網路直接傳遞到用戶端。

7. 意見徵詢

企業的電子商務系統可以採用網頁上的「選擇」「填空」等形式及時收集客戶對商品和銷售服務的反饋意見，這些反饋意見能提高網上、網下交易的售後服務水平，使企業獲得改進產品、發現新市場的商業機會，使企業的市場運作形成一個良性的封閉回路。

8. 交易管理

借助網路快速、準確地收集到的大量數據信息，利用計算機系統強大的處理能力，電子商務的交易管理系統可以針對相關的人、財、物，包括客戶及本企業內部事務等各方面，進行及時、科學、合理地協調和管理。

三、電子商務扶貧的特徵

通過電子商務的特點和優勢，我們可以歸納出將電子商務應用於扶貧具有的一些特點：

（一）低成本性

在農村，農產品的生產、加工、銷售過程主要是通過各家各戶分散的方式進行。通過運用電子商務網路化的方式，可以利用各自已有資源技術進行整合，同時可以將整個產品從種植到銷售的流程和各個環節進行轉移分配，落實到各個鄉鎮甚至是農民個人，將整個農產品盈利增收的過程統一化和整體化。這更有利於發揮各自的優勢，提高產品銷售的效率，節約成本。

（二）易操作性

首先，在農村鄉鎮地區，農業是主要的支柱產業，而農產品也是其最大的資源。銷售農產品成為農民最主要的收入來源。因此將電子商務作為農產品生產銷售的切入點具有極大的可實施和易操作性。利用電子商務實現農產品的增值盈利和農民收入的提高勢在必行。其次，電子商務作為現代社會日益普遍的交易方式，其低門檻和低成本具有可實施性。隨著消費者和用戶更願意通過網路和電子移動客戶端進行消費的方式的轉變，農戶和網商利用電子商務為平臺實現農作物增收和農產品銷售具有可行性　最後，相對於城市而言，農村和周邊近郊的旅遊和天然生態資源優勢明顯。其人文歷史和生態優勢給農村致富創造了

很好的地理環境優勢，也為農產品的推廣提供了良好的特色聲譽。

（三）市場導向性

貧困地區的產業開發由於地理位置、交通條件等因素往往受限於本地市場，而同樣這個原因又造成了困難戶脫貧致富途徑少、產業開發收效甚微等一系列的問題。正是由於限制性因素的制約，只有電子商務才能打破地域的限制，通過網路途徑來擴大銷售市場，真正實現市場信息的網路對接，使農產品的生產供給能夠及時回應市場的需求。其次，電子商務的市場導向作用，為農村農產品的銷售提供了更廣闊的視野，引導農民通過電子商務的渠道擴大產品銷售，借助網路供需信息的及時性，有計劃地發展農產品的生產供應和銷售。一方面在滿足消費者需求的同時，創新研發新型農產品，進行農產品的深加工，增加農產品的附加值。另一方面，農民在積極地投產市場需求量大的農產品同時，不斷提高生產技術，壓縮農產品的種植生產成本。可見，電子商務扶貧的新形式對消費者和生產者都起到了積極的市場導向作用。

（四）資源整合性

由於貧困地區的資源受限嚴重，基本困於本地區內流通。因此，通過電子商務平臺銷售的農產品，它的選購、下單、配送等一系列環節都可充分利用線上資源，跨地域調配資源，整合利用不同地區的優勢條件，使得農戶的生產能力和供貨能力達到最優。政府部門能夠真正地通過電子商務渠道整合供應鏈管理，極大地節約產、供、銷過程中的流通資源。同時，電子商務的人力資源也能得到充分的優化配置。由於貧困地區缺乏技術型人才，就可利用外地大學生或者一些有經營經驗的網商和技術人員給予農產品研發上的支持。或是將產品的售後服務、管理諮詢、信息發布等需要網路操作技能的工作放在年輕化的人力資源地，同時吸引更多的年輕人返鄉創業，推動貧困地區的經濟發展。這樣就充分地將本地的天然資源優勢、生產基地優勢與人才技術資源相結合，促進貧富差異區域資源的流通，解決了貧困地區資源使用受限和效率低的問題，扶貧工作便可以突破本地資源的限制。

第四節　電子商務的營運和盈利模式

一、營運模式

（一）B2B（企業與企業）經濟模式

B2B是指進行電子商務交易的供需雙方都是商家（或企業、公司），並且使用Internet的技術或各種商務網路平臺，完成商務交易的過程。

B2B電子商務發展到今天，已經不再是簡單的初級「單對單」模式了，而是利用供應鏈（SCM）技術，整合了企業的上下游生產，利用互聯網的關聯性，把中心製造廠商與產業上游的原材料和零配件供應商，產業下游的經銷商、物流運輸商、產品服務商，以及來往結算銀行等整合為一體，組合成為一個面向顧客的完整的電子商務供應鏈。這樣做，旨在降低企業的採購和配送成本，提高其對市場和最終消費者的回應速度，提高企業產品的競爭能力。這種電子商務類型快速發展的驅動力，在於企業能夠獲得更低的勞動成本、更高的生產效率和更多的商務機會。這種形式可以採用「農業企業（合作社、大戶）+互聯

網+企業」的營運模式。

（二）B2C（企業與消費者）經濟模式

B2C商務是企業與消費者之間的電子商務，是以Internet為主要服務提供手段，實現大眾消費和提供服務，並保證與其相關的付款方式電子化的一種模式。隨著網路技術的發展，西方發達國家以個人終端用戶為主要市場的電子商務，已經收到良好的社會和經濟效益。對中國來說，居民上網的普及率還比較低，B2C電子商務的發展還處於導入期，雖然互聯網進入家庭的速度突飛猛進，但還沒有廣泛深入大多數民眾的日常生活。只有在互聯網成為人們日常生活的重要渠道時，B2C電子商務才能成為日常生活中不可分割的一部分。這種形式可以採用「農業企業（合作社、大戶）+互聯網+企業消費者」的營運模式。

（三）C2C（消費者與消費者）經濟模式

C2C的意思就是個人與個人之間的電子商務。一個消費者通過網路進行交易，將商品出售給另外一個消費者，此種交易類型就稱為C2C電子商務。例如可以採用「農戶（合作社）+互聯網+消費者」的營運模式。

（四）B2G（企業與政府）經濟模式

B2G是企業對政府的電子商務活動模式。B2G已經成為當今電子商務的基本模式之一。B2G也稱為政府集中網上採購。其基本運作方式是，將政府各部門分散的財政開支集中到一個主管部門統一進行。政府在網上發布採購信息，各生產企業從網上得到信息以後，根據自己的生產經營情況，報價競標，中標者得到採購訂單。實行網上採購，由於批量大，一般比分散採購可降低成本30%以上，同時還可以從制度上杜絕腐敗的產生。作為整個社會的管理者和監控者的政府，在信息化大潮的推動下，進一步將B2G發展為G2B（稅收電子化）、C2G（個人到政府）等模式，並在實際工作中取得了較好的效果。

二、盈利模式

電子商務盈利模式是指各經營主體探討電子商務環境下企業的利潤來源、生成過程和實現方式的系統方法。電子商務盈利模式的形成和確定仍然要明確三個方面的內容：企業發現電子商務中新的價值源泉，形成企業與新的價值發現的較高匹配度，提高價值管理水平、實現持續盈利的能力。電子商務環境給企業盈利模式的確定創造了更為廣闊的空間，人們對商務活動電子化的動機源自網路創造了新的利潤源泉。電子商務盈利模式是一種資源的認識和使用模式的設計過程，不同的企業基礎不同，執行能力各有差異，只要將資源的使用模式設計得能夠揚長避短，同樣可以達到盈利狀態。從商業的最終目的來說，能實現盈利的模式就是有效的模式。電子商務盈利模式就是企業能夠找準電子商務的價值需求，進行有效匹配，並最終盈利。這個匹配的過程可以隨著企業對成本的承受能力而不斷優化提升，最終達到利潤和成本的最優。

（一）在線銷售商品模式（網上商店和服務模式）

它與傳統零售模式的區別是用虛擬的店面陳列代替實體商場，消費者節省了去店面的時間以及其他成本，企業可以面向全球消費者銷售商品，而不像傳統商場那樣僅能面對「街坊鄰居」。該模式通過製造商和銷售商的網上商店、在線服務以及網上採購等方式，並結合其他的盈利模式對傳統產品進行銷售。該模式主要的利潤來源於銷售利潤、廣告收入

和會員收入。

（二）網路經紀商和代理商模式

它主要是通過信息仲介、電子拍賣、第三方交易市場、金融經紀商以及其他服務來獲取利潤。電子商務機構構建交易平臺（相當於傳統的商業街模式），促成買賣雙方的交易，並收取佣金之類的服務費。其主要的利潤來源是服務的仲介費、提供費、增值利潤以及交易提成。

（三）價值鏈服務提供商模式

它主要是通過訂閱模式、網上銀行、第三方物流、網路支持和通信服務等來實現企業利潤。主要利潤來源於服務提供費、信息產品銷售利潤。該模式將傳統的服務網路化，按照服務的價值收費，如證券經紀、保險經紀、旅遊服務、票務服務、金融服務、招聘服務、游戲服務、教育服務等。盛大公司、攜程公司、前程無憂等分別面向消費者提供了游戲服務、旅遊服務、人力資源服務等。

（四）廣告支持模式

廣告支持的盈利模式是電視媒體成功實踐過的模式，其主要利潤來源於廣告收入。廣告模式是電子商務機構提供免費的有競爭力的信息、服務甚至商品，通過吸引訪問者的眼球，形成對廣告主的吸引力，然後由廣告主在電子商務網站投放廣告或者提供廣告贊助。在線廣告是網站比較普遍採用的盈利方式，其形式較多，從 Banner（旗幟）、LOGO（圖標）廣告，到 Flash（多媒體動畫）、在線影視等。從收費的方式來看，現在比較受歡迎的是按點擊次數收費，谷歌和百度等搜索引擎網站都主要採取此類方式。廣告支持模式與網站的訪問量有著密切關係。

（五）優質優價的盈利模式

貧困地區或是貧困人員生產的農產品通過電子商務體系把產品銷售到大中城市，突破了貧困地區農產品鎖在深閨無人知的窘境，良好的品質，賣出了好的價格，避免了農產品銷售困難給貧困農民帶來的機會成本的損失，使農民有了穩定的收入，獲得更加合理和更多的收入。

三、電子商務扶貧模式

以上是電子商務盈利的常規模式，在討論電子商務扶貧如何發展的過程中，我們針對貧困地區的實際情況，幫助貧困地區通過電子商務平臺銷售農產品來減貧致富、創建新型電子商務扶貧新模式。我們以下幾個電子商務扶貧模式為例，探索新的電子商務扶貧模式：

（一）電子商務培育到戶模式

該模式旨在通過教育培訓、資源投入、市場對接、政策支持、提供服務等形式，幫助貧困戶直接以電子商務交易實現增收，達到減貧、脫貧的效果。其中，最典型的方式就是幫助貧困戶在電子商務交易平臺上開辦網店，讓他們直接變身為網商。例如，甘肅、廣東等地扶貧辦組織的電子商務扶貧培訓，河南慧谷電子商務學院和濟南綠星農村電子商務培訓中心等組織的培訓，都特別把貧困戶、「兩後生」、殘疾人等幫扶對象和精準扶貧對象作為培訓重點，幫他們掌握電子商務知識 手把手教他們開辦自己的網店，並提供後續服務。

第一章 電子商務 | 13

（二）電子商務融入產業鏈模式

該模式旨在通過當地從事電子商務經營的龍頭企業、網商經紀人、能人大戶、專業協會與地方電子商務交易平臺等，構建起面向電子商務的產業鏈，幫助和吸引貧困戶參與進來，實現完全或不完全就業，從而達到減貧、脫貧的效果。

該模式通過構建農產品流通企業、採購商和農民合作組織等之間緊密合作的產業聯盟，搭建集網上交易、供應鏈管理和社會化服務等為一體的電子商務平臺，實現了農業產業鏈的有機整合和農產品流通效率的提高，並倒逼農產品標準、冷鏈物流、安全追溯體系等的建設。該模式建立了農產品供應商、採購商、農聯組織、農業協會和涉農服務機構之間的利益共同體，依託集交易撮合、信息查詢、委託採購、拍賣招標、網上結算、物流管理、品質評定和折扣管理、第三方審核仲裁等功能為一體的電子商務平臺實現高效運作，並以多元化的社會服務為保障，從而打通了農產品流通的產業鏈，降低了流通成本，提高了交易效率。這種新型的電子商務模式，也被稱為「BAB模式」，是互聯網與傳統產業深度結合的一種形式。

如圖 1-1 所示，供應鏈管理涉及的主要領域有產品（服務）設計、生產、市場行銷、客戶服務、物流供應等。它們以同步化、集成化的生產計劃為指導，通過採用各種不同的信息技術來提高這些領域的運作績效。

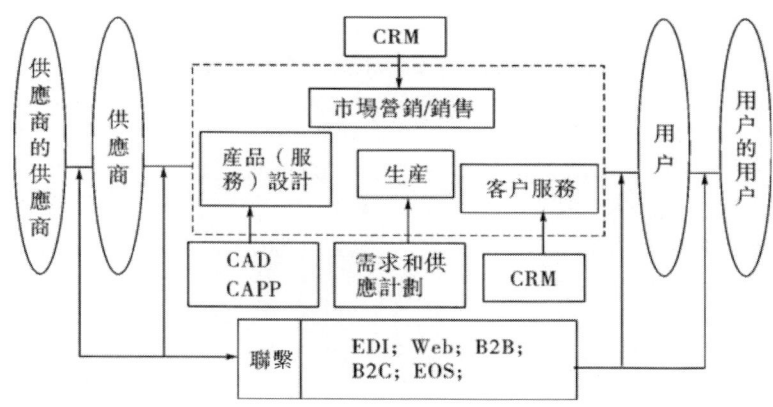

圖 1-1　電子商務與供應鏈管理流程圖

（三）溢出效應分享模式

電子商務規模化發展，在一定地域內形成了良性的市場生態，當地原有的貧困戶即便沒有直接或間接參與電子商務產業鏈，也可以從中分享發展成果。例如，以電子商務著名的「淘寶村」——東風村帶來的變化：具有勞動能力的貧困戶，不僅很容易在網銷產業鏈中找到發展機會，而且由它推動了新型城鎮化建設的進程；建築、餐飲、交通、修理等一般性的服務業快速發展，也提供了大量就業，甚至創業的機會；道路、衛生、光纖入戶、水電、公共照明等設施得到改善，電子商務園區建設帶來的農民住房條件的改善和服務便利化，也惠及包括失去勞動能力的貧困戶在內的所有村民，讓他們分享到電子商務發展的溢出效應。

第二章　農村電子商務

第一節　農村電子商務的概念

農村電子商務，是指通過網路平臺嫁接各種服務於農村的資源，拓展農村信息服務業務、服務領域，使之成為遍布鄉、鎮、村的「三農」信息服務站。農村電子商務平臺直接扎根於農村，服務於「三農」，真正使「三農」服務落地，使農民成為平臺的最大受益者。

一、定義

農村電子商務平臺配合密集的鄉村連鎖網點，以數字化、信息化的手段，通過集約化管理，市場化運作，成體系的跨區域、跨行業聯合，構築起緊湊而有序的商業聯合體，降低農村商業成本，擴大農村商業領域，使農民成為平臺最大的獲利者，使商家獲得新的利潤增長點。

二、發展空間

按照商務部日前發布的《2012中國電子商務報告》，截至2012年年底，註冊地在農村（含縣）的正常經營的網店數量為163.26萬個，其中註冊地在村鎮的為59.57萬個。

三、背景

2012年互聯網方面「兩會」代表的提案，多數與電子商務行業的發展及前景關係密切。某權威機構整理了2012年兩會代表涉及電子商務的提案並進行了部分解讀。

（1）《關於規範電子商務市場秩序 完善相關法律制度的提案》提案人：全國政協委員、蘇寧電器董事長 張近東。

主要內容：誠信問題是中國電子商務發展的最大障礙；中國電子商務的供應鏈、運輸鏈、信息鏈、服務鏈等配套環節還很不完善，支撐電子商務快速發展的各大平臺亟待健全。張近東建議政府重點培育一批傳統的大型流通企業自建的專業電子商務平臺，推進大型流通企業電子商務經營向縱深發展，形成技術改進、體系升級、價值創造和資本吸引的良性循環。

（2）《關於制定〈電子支付法〉促進電子商務健康發展的提案》提案人：全國人大代表、中國移動廣東公司總經理徐某。

主要內容：電子支付具有傳統支付手段不可比擬的優點，但也存在交易誠信度不夠高、交易安全性不夠強、法律保護面不夠廣、競爭秩序性不夠嚴、反洗錢意識不夠強等問題。徐龍建議，加快制定電子支付法，從立法宗旨、適用範圍、基本原則、電子支付定義、電子支付類型、監管部門、電子支付主體、電子支付審批與認證等方面做出明確規定，規範電子支付活動，促進中國電子商務產業健康、有序發展。

四、農村電子商務服務

農村電子商務服務包含網上農貿市場、特色旅遊、特色經濟、數字農家樂和招商引資等內容。

（一）網上農貿市場

網上農貿市場可迅速傳遞農、林、漁、牧業的供求信息，幫助外商出入屬地市場和屬地農民開拓國內市場、走向國際市場，進行農產品市場行情和動態快遞、商業機會撮合、產品信息發布等。

（二）特色旅遊

它依託當地旅遊資源，通過宣傳推介來擴大對外知名度和影響力，從而全方位介紹屬地旅遊線路和旅遊特色產品及企業信息等，發展屬地旅遊經濟。

（三）特色經濟

它通過宣傳、介紹各個地區的特色經濟，特色產業和相關的名優企業、產品等，擴大產品銷售通路，加快地區特色經濟、名優企業的發展。

（四）數字農家樂

它為屬地的農家樂（有地方風情的各種餐飲娛樂設施或單元）提供網上展示和宣傳的渠道。它通過運用地理信息系統技術，製作全市農家樂分佈情況的電子地圖，同時採集農家樂的基本信息，使其風景、飲食、娛樂等各方面的特色盡在其中，一目了然。這既方便城市百姓的出行，又讓農家樂獲得廣泛的客源，實現城市與農村的互動，促進當地農民增收。

（五）招商引資

它通過搭建各級政府部門招商引資平臺，介紹政府規劃發展的開發區、生產基地、投資環境和招商信息，更好地吸引投資者到各地區進行投資、生產、經營活動。

第二節 農村電子商務的發展現狀

一、農村電子商務的發展

根據國家統計局公布的數字，截至2013年年底，中國農村人口有6.3億，占總人口的比例為46.3%。近年來，隨著城鎮化進程的推進，中國農村人口在總體人口中的占比持續下降，但農村網民在總體網民中的占比卻保持上升，農村地區已經成為目前中國網民規模增長的重要動力。根據中國互聯網路信息中心（CNNIC）發布的數字，截至2013年12月，中國網民中農村人口占比為28.6%，規模達1.77億，相比2012年增長2,101萬人。中國農

村居民的互聯網普及率僅為27.5%，相比城鎮居民的62%有不小的差距，不過這也預示著未來成長空間巨大。

互聯網的逐漸普及和農村網民數量的攀升增大了農村電子商務消費市場的潛力。事實上，早在幾年前，精明的「淘寶」就已經開始在農村拓展。不僅農村的消費在逐漸增加，農民網店也開始成為一道獨特的風景，「淘寶縣」開始興起，其中以遂昌模式最為知名。根據阿里研究院發布的數字，過去三年，淘寶網上農村消費占比不斷提升，從2012年第二季度的7.11%上升到了2014年第一季度的9.11%，不過比例依然很低。預計2016年將突破4,600億元，繼續縮小與城市網購規模之間的差距。在農村電子商務消費增加的同時，農村的小生產也逐漸與更大的市場實現了對接，同樣來自阿里研究院的數字顯示，2013年僅在淘寶和天貓平臺上，從縣域發出的包裹就達14億件，阿里巴巴各平臺農產品銷售額達到500億元。

二、農村電子商務的現狀

（一）中國農村電子商務站點有了顯著發展

中國農業信息網和中國農業科技信息網的開通運行，標誌著信息技術在農業領域的應用開始邁入快速發展階段。目前，中國信息技術農業應用與推廣取得了一些成果，建立起了一批農業綜合數據庫和各類應用系統，其中以糧、棉、油為主的信息技術成果約占1/3。農業部利用網路協議信息發布與查詢等技術，建成的專業面涵蓋較廣，信息存儲、處理及發布能力較強，信息資源豐富和更新量較大的中國農業信息網，現聯網用戶已發展到3,000多家。據農業部信息檢索中心，到2002年年初，中國大陸農業數量網站已有3,000多家，超越了法國、加拿大等發達國家，如果加上臺灣地區和中國香港地區的農業網站，中國農業網站數量可能排在世界前10名以內。

（二）中國農業信息化建設也已經開始起步

目前，中國農業信息體系建設有了良好的開端，32個省（區、市）均建立了農業信息網站，多數省份成立了農業信息中心，有1/3的省份具備了良好的基礎。據統計，廣東的信息基礎設施建設發展相當迅速，在全國居領先地位，為農業信息化提供了良好的基礎。

第三節　電子商務對農村發展的促進作用

一、農村電子商務改變著傳統的農業貿易方式

農村電子商務是建設社會主義新農村、開拓市場和參與全球競爭的必要手段。傳統的「一手交錢、一手交貨」的貿易方式將被打破。農民通過農村電子商務能夠十分便捷、快速地完成信貸、擔保、交易、支付、結匯等，從而可以更貼近市場，提高生產的靈敏性和適應性，可以迅速瞭解到消費者的偏好、購買習慣及要求，同時可以將消費者的需求及時反應出來，從而促進供需雙方的研究及開發活動。小生產與大市場的矛盾是目前制約中國農業發展的一大障礙，而電子商務跨越了地域、時空界限的特性，可以在更大範圍內調節生產與市場的矛盾。

二、有利於促進農業技術改革、應用和推廣

中國農業的分散經營給農業技術和推廣工作帶來了很大的難度,而缺乏技術的支持和服務的農業生產,往往消耗了大量的生產資料,且質量不高、收益很少。以往農民因為不能及時獲取農業災害的預警信息而無法提前採取防範措施,往往遭受慘重損失,災後不能及時採取補救措施,更不能得到有效彌補。利用電子商務輔之以人的技術指導,有可能建立相應的技術服務網路系統,以快捷、有效的方式對農戶進行技術服務,提高農戶對農用技術掌握和應用程度,使農業生產得到全過程的監控和指導,提高科技在農業生產中的作用。

三、有效降低農業生產、交易成本,農民擁有更多價格話語權

農業生產和養殖業中農藥、化肥、薄膜、飼料等生產資料在總成本中的比例非常高,它們的價格和質量對於農產品收益有著重要的影響。電子商務能幫助農民有效組織購買,掌握主動議價權,享受數量折扣;同時電子商務能幫助農民更多地瞭解農產品生產資料的質量,辨別真相,減少上當受騙的可能性。

此外,農戶通過互聯網可獲得市場技術、氣象預報、法律法規、蟲害預警信息等,這些信息都有助於降低生產成本和生產風險。

最後,電子商務可以減少交易成本。據統計,在傳統商業模式下,商品從訂貨到售出過程中費用約占企業成本的18%~20%,而利用電子商務優化供應鏈後,將該費用比例降低到10%~12%。

由於電子商務可以提供24小時的全天營業時間,因而能讓農民找到更多的市場,吸引更多客戶。另外,交互式的銷售方式,使農民能夠及時得到市場反饋,從而改進本身的工作,提供個性化服務,建立穩定的顧客群。

四、解決制約農業發展的農產品流通問題,減少農產品流通環節

目前,中國農產品流通體系不僅在實現正常的產品流通上尚有問題,而且功能也不完善,更不能起到有效引導和組織的作用。農民雖然在多方面已經努力去適應市場的需要,但在銷售方面顯然與市場經濟的需求相差甚遠,不能主動選擇最有利的市場去銷售,而是被動地等待市場的選擇。

電子商務的發展有助於解決農產品的流通問題,利用電子商務技術改造傳統經濟下的流通過程,形成由信息流、資金流、物流、商流組成的並以信息流為核心的全新流通過程,推動中國農村的新發展。通過電子商務平臺,生產者能直接和消費者進行交流,迅速瞭解市場信息並自主地進行交易。其信息獲取能力、產品自銷能力和風險抵抗能力都大大提高,對傳統仲介的依賴性也大大降低。

電子商務可以減少中間環節,但還是不能完全消除市場仲介社會分工的必然性,仍需要有專門從事農產品流通的組織。我們可以通過電子商務選擇和保留附加值高的流通環節,合併或去除附加值低的渠道。此外,電子商務還能給農村文化輸入新鮮血液,帶來創新的元素,開拓農民視野,縮小農村和城市文化消費的差距。這些都有助於新農村建設的實現。

五、促進農村剩餘勞動力有效就業

農村勞動力供給存在不連續的特徵，尤其是近幾年農產品價格上漲，很多農民回到農村重新從事農業生產，但是難以實現勞動力的規模供給。電子商務將有利於農村勞動力供求信息的及時反應，進而為農村勞動力的有序流動創造條件，增加農村勞動力的就業機會。

第四節 中國農村電子商務發展綜述

一、農村電子商務發展現狀

近年來，中國電子商務發展迅速，農產品電子商務商機無限，國內各行各業紛紛介入農產品電子商務。柳傳志對外高調宣布大搞互聯網農業。投資整個農業產業鏈的不僅僅是柳傳志，2013年馬雲從B2B、支付、物流全線滲透農業；張瑞敏60億打造農村電子商務物流市場；劉東東正在對農產品進行五大探索，正在推動農電對接模式；王衛的順豐優選從2012年5月啟動，到今天已經全線發力，覆蓋全國各級城市。2013年，幾乎全類目的農產品都迎來較高速度的增長。其中，新鮮水果、海鮮水產、南北干貨、新鮮蔬菜等重點類目增幅超過300%。

據資料介紹，截至2012年年底，中國電子商務市場交易規模達7.85萬億元，比2011年增長30.83%，其中B2B電子商務交易額達6.25萬億元，同比增長27%；網路零售交易規模達1.32萬億元，同比增長64.7%。隨著農業經濟社會的發展和基礎設施建設的不斷完善，農業信息化建設取得了良好效果。作為一股新興力量，電子商務正在衝擊著傳統的商業模式，並極大地改變著人們的消費習慣。

二、農村電子商務發展存在的問題

（一）農產品電子商務的基礎設施不健全

一方面由於近年來的家電下鄉政策使很多農村地區都有了電腦這種進行電子商務必備的設施，通過互聯網人們能更多地認識外面的世界，但是電子商務平臺的建設與特色農產品發展還不相適宜，很多優質農產品還處於自產自銷或者通過中間商來收購進行銷售的狀態，影響了農產品的銷售，不能很好地體現特色農產品的價值。另一方面農民整體科學文化技術落後，素質不高，知識層次不夠，對很多進行網路銷售所必備的環節不瞭解，如網上支付、網上掛商品等。這也在一定程度上阻礙了農產品的電子商務發展。

（二）物流發展水平較低

電子商務的倉儲、銷售、貨運、售後的每一個環節都有賴於物流的基礎設施和物流的技術水平。大多數農產品，如瓜果蔬菜等都具有水分多、較易腐爛等缺點，在物流輸送過程中由於物流方面的原因在分揀、倉儲等方面又會出現各種各樣的問題，很難保證農產品到客戶手上的時候還是完好無損的。近年來圓通、申通、韻達等大型物流企業雖然在很多方面促進了物流業的發展，保證了農產品的運輸，但是還存在很多不足，尤其對於農產品這種特殊的網路商品不能滿足農產品電子商務的需要。

（三）農業電子商務意識不強

就面前的現實情況而言，對農村習慣了面對面的買賣這種交易行為的人們，電子商務這個新興的平臺實屬新鮮。另外，農產品電子商務的主要接觸者為農產品的生產經營者，但是由於農民的思想保守，對電子商務這種看不見、摸不著的平臺很難接受，導致農村電子商務不能夠被充分利用。

（四）農產品缺乏知名的品牌

農產品並沒有全國馳名的商標，雖然現在在網站上交易的農產品都有自己的品牌，但是被國內外消費者充分認可的品牌依然缺乏。知名品牌的缺乏一方面代表了降低了農產品銷售的經濟效益，另一方面也影響了銷售量。當農產品有了自己著名的商標和品牌時，這種潛在的影響通過電子商務會帶來更大的收益。

（五）缺乏健全的農產品質量標準體系

農產品要在網上銷售就會收到各種用戶的評論，而中國並沒有一套健全的質量標準體系，對農產品在生產、加工、銷售、包裝等方面也沒有明文規定。消費者在購買農產品前無法對農產品進行質量分類，增加了購買者的消費風險，制約了農產品電子的商務發展。

（六）缺乏專門的電子商務人才

農業電子商務本身就是一個複雜的工程，不但涉及多部門、多領域，質量要求高，也要求結構合理，而且需要既懂農產品知識又懂商務、網路技術和法律法規的人進入農產品電子商務發展的人才隊伍。農產品市場行情的分析、管理、反饋和調節，農產品網站的建設和維護、網站信息的採集和發布，都需要專門的人才。但是目前農產品信息收集、分析人員嚴重不足，大量的信息資源無法有效地開發，並且基層的電子商務服務人員素質不高，對計算機的掌握運用能力不強，有些地方不僅人才缺乏，還出現人才流失的現象。這嚴重阻礙了農產品電子商務的發展。

三、改善農村電子商務發展的對策

（一）加強基礎設施建設

發展電子商務的基礎就是計算機網路基礎設施的建設。政府部門應該積極地做好相關計算機信息基礎的規劃、建設，與相關科研院所、大專院校加強合作，加大對農產品生產者的培訓，普及計算機基礎應用技術，讓信息暢通，使農產品生產者能真正意義上地運用好網路，為發展電子商務奠定技術基礎。

（二）加強農產品物流體系建設

2014年中央一號文件《關於全面深化農村改革加快推進農業現代化的若干意見》強調，要「完善農村物流服務體系，推進農產品現代流通綜合示範區創建」。建立大中型綜合型或專業型物流中心，打造農村物流電子商務平臺，集數據交換、信息發布、智能配送、庫存管理等功能於一體的農村物流電子商務平臺，運用現代物流管理的先進理念和模式，將加工、整理、倉儲、運輸、裝卸、配送、信息處理等有機結合，實現從起點到終點的整個農產品相關信息的有效聯動，提供多功能的綜合性農村物流公共服務。同時為了保證農村物流的健康發展，就需要對物流的各個環節進行規範，制定相應的服務規範和標準，「無規矩不成方圓」，只有在統一的規範下才能形成制度約束，保證物流體系的健康發展。

(三) 強化農業生產經營者電子商務運用能力

我們要向農業生產經營者普及電子商務知識，可以通過集中學習電子商務知識、觀看電子商務短片、請相關人員對農民進行電子商務方面的培訓等，利用網上免費信息，促進農民增收。網路農業信息服務與農民切身利益有關，農民從獲取的信息中得到實惠，電子商務就能得到普及。

(四) 打造知名農產品品牌

在農產品的投入期，為了打開市場，可以先採用低價銷售來吸引消費者的眼球，利用電子商務平臺，在網上實行團購，使人們以相對平時較低的價格購買並體驗同等質量的農產品，為農產品創立自己的品牌打下一定的基礎。當有了自己的品牌後要注重品牌的培育，將質量內含於品牌當中，充分挖掘國家政策對農產品的支持，開展情感行銷，推廣自己品牌的農產品，在主流媒體和政府網站做正面的宣傳，樹立品牌，讓人們更好地瞭解本企業的農產品，好的口碑是對品牌最好的宣傳。

(五) 完善農產品標準化體系

政府在農產品的電子商務發展中，應該對農產品的標準化建設加大投入，對農產品的種植、生產以及最後的包裝都要制定一系列標準，如評測農藥殘留，根據農產品的質量對其進行分類等，並且在農產品的生產和銷售整個過程中要實行標準化生產和管理。在農產品的電子商務經營中，要注重對農產品的品牌打造、質量監控、包裝分級等方式，使產品成為有區別的、可鑑別的產品，保障消費者權益，提高農產品生產者的收益。實現標準化的農產品，經營者們要大力發展網上交易與線下交易，實現電子商務（線上）與現代物流（線下）的結合與聯動，通過電子商務與現代物流的相互支撐，進而完善農產品從交易到運輸的各個環節。

(六) 建設一支農業電子商務人才隊伍

一方面，政府必須加大對現有電子商務人才的培訓力度，讓他們不僅可以投身於農業電子商務建設，而且可以學習各種先進的農業信息技術、農業管理生產知識等，在農業電子商務實踐中起好帶頭作用。另一方面政府要加大與高校的合作，建立專家諮詢系統，為農民提供專業的理論指導。政府也可以推出激勵制度，鼓勵那些涉農專業的大學生和高級人才到基層農村為廣大農民服務，並為他們提供農業電子商務運用的指導，培養他們成為農業電子商務建設的主力軍。

農產品電子商務還剛剛起步，還存在很多的問題，如流通主體多、成本高、交易手段落後、信心化程度低等。為了更好地解決這些問題，經營者們要以電子商務為依託，使有形市場和無形市場更好地結合起來，可以建立一些專門針對農產品批發的電子商務平臺，如農產品批發市場平臺以及大宗農產品電子化交易平臺。這樣不僅可以提高交易與物流效率，還能降低整體的交易與物流成本，減少農產品中間環節的毀損，最終實現農產品生產者收入提高、終端消費者價格降低、農產品物流提供者單位收入提升。經營者們還可以利用先進的網路技術，構建農產品電子商務的物流新體系，這對於解決中國的「三農」問題，建設社會主義新農村都有著很好的推動作用。因此，農產品採用電子商務方式不僅是對傳統交易方式的有益補充，也在很大程度上為農產品供給雙方提供了一個交流、交易的平臺。

第三章 貧困

第一節 概念和標準

一、貧困標準和貧困線

貧困是一種複雜的社會現象，是伴隨著人類發展而產生的。目前，國際上主要從三種視角對貧困進行定義，即資源缺乏、機會缺乏、個體能力不足。國內有學者將其定義為：「貧困是指在特定的社會背景下，部分社會成員由於缺乏必要的資源，而在一定程度上被剝奪了正常獲得生活資料參與經濟和社會活動的權利，並使他們的生活持續地低於常規生活標準。」

貧困主要包括絕對貧困和相對貧困兩種基本類型。所謂絕對貧困，是指在特定的社會生產方式和生活方式下，個人和家庭依靠勞動所得或其他合法收入，不能滿足基本的生存需要，生命的延續受到威脅。所謂相對貧困，一方面指隨著社會經濟的發展，貧困線不斷提高而產生的貧困；另一方面指同一時期，不同地區之間、各階層之間、各階段內部不同成員之間因收入差別而產生的貧困。顯然，相對貧困是與低收入概念緊密聯繫在一起的。在經濟發展的初級階段，由於發展水平較低，人們更多注重絕對貧困問題；而當經濟進入中高級階段，則更多關注的是相對貧困問題。

除此之外，貧困類型還包括個人貧困、普遍貧困、結構性貧困、階層貧困、區域貧困累積。其他幾類較好理解，在此解釋一下結構性貧困。所謂結構性貧困是指，在較高的經濟發展水平和人均收入的條件下，由於收入分配的不平等而導致的一部分社會成員的收入和實際生活水平明顯低於社會平均水平，因而構成了人口中的貧困部分。

二、國際貧困標準

國際貧困標準實際上是一種收入比例法。它顯然是以相對貧困的概念作為自己的理論基礎的。經濟合作與發展組織在 1976 年對其成員國進行大規模調查後提出了一個貧困標準，即以一個國家或地區社會中位收入或平均收入的 50% 作為這個國家或地區的貧困線，這就是後來被廣泛運用的國際貧困標準。

三、中國貧困標準

目前，中國城鄉缺乏統一的國家貧困標準。由於受城鄉分割體制的影響，長期以來中

國城鄉居民受不同的戶籍管理制度管理，採用不同的收入統計指標和貧困線標準。

（一）現行的農村貧困標準

由於歷史的原因，中國未制定過統一的貧困線，但針對農村的實際情況，中國在後期也提出過一些貧困標準。

中國現行的農村貧困標準是國家統計局農調總隊在 1986 年對全國 6.7 萬戶農村居民收支調查資料進行計算後得出的。它主要採用以基本生存需求為核心的生存絕對貧困概念作為計算農村貧困標準的基礎。基本生存需求包括兩個部分：一部分是食物貧困線，即滿足最低營養標準（2,100 大卡）的基本食物需求；另一部分是非食物貧困線，即最低限度的衣著、住房、交通、醫療及其他社會服務的非食品消費需求。

（二）中國現行的城市貧困標準

目前，中國還缺乏一個科學統一的城市貧困標準。各部門對城市貧困人口的範圍界定和理解具有較大差異。勞動和社會保障部門把貧困人口看成失業下崗人員和離退休職工（尤其是指原屬國有企業的職工），民政部門將最低生活保障對象視為貧困人口，工會系統把貧困人口視為「基層單位特困職工」，而統計部門一般把收入分組中最低收入戶組的 5% 確定為貧困人口。中國學術界對貧困人口的測算也存在爭議。現在中國常用的貧困標準測量方法大體可以歸為四大類：市場菜籃法、恩格爾系數法、生活常態法和國際貧困線標準。

市場菜籃法又稱「標準預算法」，要求確定一張生活必需品的清單，內容必須包括維持為社會所公認的最起碼的生活水準的必需品的種類和數量，然後根據市場價格來計算擁有這些必需品需要多少現金，以此來確定現金金額的貧困線。

恩格爾系數法是國際上常用的一種測定貧困線的方法。恩格爾系數是食品支出總額與個人消費支出總額的比值，恩格爾系數越大就越貧困。

生活常態法是英國學者湯森提出的，是一種以缺乏作為衡量標準的測量方法。湯森將缺乏歸結為 7 種物質缺乏和 6 種社會缺乏，如果人們不享有這些指標，則被認為是貧困者。

國際貧困線標準實際上是一種收入比例法。它顯然是以相對貧困的概念作為理論基礎的。

第二節　國際貧困的理論研究

貧困是一個內容極為廣泛的概念，不同的國家、不同的歷史時期、不同的社會制度、不同的經濟背景下，貧困的特徵大相徑庭。並且，不同的政治信仰、不同的價值觀念和不同社會身分的人，對於貧困的理解和評價也是不相同的。經濟學家薩繆爾森指出：貧困是一個非常難以捉摸的概念，不同的人對貧困一詞持有不同的理解。

對於什麼是貧困這一問題，看似簡單，實際上是一個非常難以回答的問題。學術界圍繞貧困的概念展開了各種各樣的討論，遺憾的是，迄今為止，學者們也未能對貧困下一個統一的、準確的定義。

對「貧困」這一概念的基本理論可追溯到斯密的「交換價值貧乏論」、李嘉圖的「使用價值貧乏論」、朗特里的「收入貧困論」以及森的「潛在能力貧困論」等。

斯密對「貧」與「富」的闡述，是從財物或財富多寡的角度來解釋的，從勞動價值論出發來論述財富的價值或商品交換價值，從而將「貧」與「富」定義為擁有支配或購買勞動的多與寡。他還在《國民財富的性質和原因研究》中說：「一個人是貧還是富，就看他在什麼程度上享有人生的必需品、便利品和娛樂品。」

李嘉圖提出了「使用價值貧乏論」。他讚同斯密關於貧與富取決於其所能支配的必需品、便利品和娛樂品多寡的觀點，但不讚成斯密把財富與價值等同的觀點。李嘉圖認為：「價值與財富在本質上是不同的，因為價值不取決於數量的多寡，而取決於生產的困難或便利。製造業中一百萬人的勞動永遠生產出相同的價值，但卻不會永遠生產出相同的財富。由於機器的發明、技術的熟練、更好的分工、使我們能夠進行更有利的交換的新市場的發現，一百萬人在一種社會情況下所能生產的『必需品、享用品和娛樂品』等財富可以比另一種社會情況下大二至三倍，但他們卻不能因此而使價值有任何增加。」簡言之，李嘉圖認為，財富是指生產出的商品或物品，評價財富的多寡或窮與富的尺度，是商品或物品數量即使用價值的多寡，而不是勞動價值的多寡。

朗特里於 1901 年對英國約克市工人家庭的收入與生活支出狀況進行了調查。在對調查收集的資料數據進行處理分析後，他發現約克市 10% 的人口生活在生存難以為繼的貧困境地。據此，他將貧困定義為：家庭總收入不足以支付僅僅維持家庭成員生理正常功能所需的最低量生活必需品開支。朗特里所說的最低量生活必需品，包括食品、衣物、住房和取暖等項，但不包括報紙、郵票、菸酒、消遣等「享受品」「娛樂品」或「奢侈品」。朗特里根據最低量生活必需品的數量及其價格，得出了劃分貧困家庭的收入標準，即貧困線。朗特里首次提出了貧困線的概念，而用收入區分貧富的方法一直沿用至今。

森於 1999 年出版了《以自由看待發展》一書。他在書中闡述了一個新的發展觀：自由是發展的首要目的，自由也是促進發展的不可缺少的重要手段。他認為，財富、收入、技術進步等固然可以是人們追求的目標，但它們最終只屬於工具性的範疇，是為人的發展、人的福利服務的；而以人為中心的最高價值標準就是自由，自由才是發展的主題，自由才是發展的最高目標。森所說的「自由」是指，人類所具備的『潛在能力』，即沿著自我價值觀所採取的生活方式的實質上的自由。更具體地說，實質自由包括免受困苦，如饑餓、營養不良、可避免的疾病、過早死亡之類的基本的潛在能力，以及能夠識字算數、享受政治參與等的自由。基於以上觀點，森對「貧困」的概念作出了新的定義：有很好的理由把貧困看作對基本的潛在能力的剝奪，而不僅僅是收入的低下。森的潛在能力貧困論比朗特里的收入貧困論具有更寬泛的內涵和更深刻的社會意義。

第三節　國際反貧困實踐對中國的借鑑經驗

無論是發達國家還是發展中國家，貧困是人類社會普遍面臨的難題。由於政治、經濟、歷史、文化等方面的不同，發達國家與發展中國家反貧困政策各有特點。

在發達國家，例如美國和歐洲，目前存在的貧困現象以相對貧困為主，國家通常通過社會政策來保障貧困人口的生活。但具體又各有不同：美國強調自由主義和個人主義，認

為「貧富是自己的事情，政府不應對此進行干預」。在此理念之下，美國除對少數弱勢群體如老人、兒童、殘疾人進行特殊補助外，對於其他貧困者，多採取擴大就業的反貧困政策，鼓勵貧困人群積極就業以改善貧困狀況。而歐洲則是建立廣覆蓋的、側重於社會保障的反貧困政策。尤其是 1942 年英國《貝弗里奇報告》的出抬，具有劃時代的意義：該報告主張建立一套綜合性的社會保障制度，以為每位社會成員提供基本的生活保障。《貝弗里奇報告》中的普遍性原則不僅對英國，也為許多其他歐洲國家所接受。第二次世界大戰後，這些歐洲國家紛紛建立了「福利國家」制度和政策體系，以保證全體國民的福利。發展中國家是貧困尤其是絕對貧困的主要發生地，當今世界 90% 的貧困人口集中在南亞、撒哈拉以南非洲、東南亞、蒙古、中美洲、巴西及中國的中西部地區。在這些地區，經濟落後，所以經濟增長在反貧困中的作用遠甚於收入再分配。高速增長的經濟尤其是勞動密集型經濟增長，將帶來大規模就業，是落後國家反貧困的基本經驗。對於緩解農村貧困方面，主要是確保農業在市場開放中受益，並由政府給予部分生活補貼。

這裡我們根據對世界發達國家反貧困社會政策的考察，歸納出這些國家反貧困社會政策中出現的一些新變化、新特點。

一、反貧困重點：從反絕對貧困到反相對貧困

隨著經濟的發展，人類基本生活需求的內涵不斷擴大，貧困的相對性特徵開始顯現，相對貧困的概念隨之產生。相對貧困標準要明確的是相對中等社會生活水平而言的貧困。它的產生主要源於兩方面：一方面是指由於社會經濟發展，貧困線不斷提高而產生的貧困；另一方面是指同一時期，由於不同地區之間、各個社會階層之間及各階層內部不同成員之間的收入差別而處於生活底層的那一群組人的生活狀況。

在當今發達國家，隨著經濟的發展，絕對貧困已經在很大程度上得到了緩解。但由於貧困的相對性，消除相對貧困是非常困難的。所以，這些國家已適應貧困演變趨勢，將反貧困工作的重點逐漸從消除絕對貧困轉移到治理相對貧困上來。因為貧困的相對性永遠存在，治理相對貧困將是一個長期的過程。同時，解決相對貧困的過程也是一個縮小貧富差距、促進社會融合的過程。因此，反貧困政策從反絕對貧困到反相對貧困的轉變不僅體現了全球經濟的發展、貧困的緩解，更體現了社會的進步。

二、反貧困主體：從政府為主到主體多元

政府雖然在各國的反貧困行動中發揮著重要作用，但政府並非唯一的行動者，貧困人口、市場組織、民間組織等都是反貧困中不可或缺的行動主體。首先，作為貧困人口本身，其不但是反貧困中的工作對象，更是重要的反貧困主體，反貧困工作不能缺少貧困人口的積極參與。其次，在市場經濟發達國家如美國，在價值取向上，強調政府不干預貧困問題，而是通過對私營企業減稅、產業結構調整等手段增加就業，這一政策曾在克林頓執政前三年就創造了 800 萬個就業機會。這種增加就業、減緩貧困的方式多依賴於市場組織即企業。以企業行動為主的促進就業反貧困模式不僅有助於長期改善貧困，還可以減少政府的負擔。另外，很多國家的民間組織也將扶助貧困作為工作內容，通過慈善捐助等一系列形式為反貧困做貢獻，並取得了顯著的成就。各國反貧困經驗表明，以政府為主導的多元反貧困主

體組合，基於政府社會政策通過不同方式各自發揮自己的作用，多管齊下，使貧困得到了顯著改善。

三、政策目標：從克服貧困到反對排斥

社會排斥理論由「社會剝奪」概念發展而來，形成於20世紀90年代。1995年在丹麥哥本哈根召開的「社會發展及進一步行動」世界峰會將「社會排斥」視為消除貧困的障礙，要求反對社會排斥。此後，社會排斥理論更多地被應用於貧困、弱勢群體等問題的研究。

1985年世界銀行將人均年消費370美元即日均1美元的標準確定為貧困線，從此以後，世界各國都在為消除貧困、解決溫飽問題而不懈努力。到2006年10月17日，聯合國確定的第14個國際消除貧困日，主題仍然是「共同努力擺脫貧困」。但是隨著社會經濟的發展，人們也逐漸認識到貧困不單純是物質生活方面的問題。英國學者湯森曾指出，貧困是一個被侵占、被剝奪的過程。在這一過程中，人們逐漸地、不知不覺地被排斥在社會生活主流之外。隨著這一理論的發展及反貧困工作的進展，到2008年的第16個國際反貧困日，主題則是「貧困人群的人權和尊嚴」，說明國際社會開始關注貧困人口的社會權利，注重對貧困群體權利和尊嚴的維護，促進他們與主流社會的融合。

四、反貧困內容：從反物質貧困到反文化貧困

隨著反貧困工作的進展，研究者們發現：貧困從表面上看是經濟性的、物質性的，而實際上是深層的社會文化在起作用。這種社會的、文化的或心理的因素長期積澱後就形成落後的心態和一成不變的思維方式、價值取向，進而形成頑固的文化習俗和意識形態，即貧困文化。這種文化實際上是對貧困的一種適應，一旦形成貧困文化，陷入其中的人將不自知，在外人看來他們就是「安於貧困」，缺乏「進取精神」。基於這一認識，當今發達國家反貧困的內容已不僅僅限於救助生活的反物質貧困，更關注貧困人口的心理層面和文化氛圍，將其從「自甘墮落」的貧困文化的泥沼中拯救出來，正所謂「扶貧先扶志」。人們只有先從心理上擺脫貧困的習慣，才能在行動上去努力改善貧困。

五、反貧困方式：從生活救助到資產建設

隨著經濟社會的發展，發達國家對於貧困人口的幫助除了直接給予食物和津貼，更試圖推動窮人的資產建設，以使其不僅從生活上擺脫貧困，更能夠獲得長遠的發展。

六、反貧困方法：從傳統方法到專業方法

西方社會工作的理論和方法較為先進，他們在當今反貧困工作中也很好地運用了這點，以克服傳統的行政式反貧困方法的不足。在美國鼓勵貧困人口就業的過程中，社會工作者及相關組織就做出了很大的貢獻。社會工作者通過專業的方法對貧困者進行就業輔導和職業訓練，並為他們提供大量的就業信息。另外，這些培訓和與社會工作者的交流，也有助於貧困者擺脫自己的貧困文化，促進其脫離貧困。因此，注重社會工作方法在反貧困中的運用也是發達國家重要的反貧困經驗。

第四章　中國農村扶貧

農村扶貧是發展農村經濟、提高農民生活水平、構建和諧農村社會的重要手段之一，本章分析了中國實行的多種農村扶貧模式和扶貧工作現狀，提出了建立適合中國國情、具有中國特色的扶貧工作體系的措施意見。

第一節　中國農村扶貧的發展進程

改革開放以來，特別是從 20 世紀 80 年代中期開始，中國在全國農村範圍內開展了有組織、有計劃、大規模的扶貧開發。歷時 20 多年的農村扶貧開發大體經歷了體制改革推動扶貧、大規模開發式扶貧、扶貧攻堅、新時期扶貧開發四個階段。但是從現在起，離全面建成小康社會 2020 年還有 5 年時間。2014 年是歷史上著名的「八七扶貧攻堅計劃」實施 20 周年。「八七扶貧攻堅計劃」的基本內容同樣是用 7 年時間解決 8,000 萬人口的貧困問題。把兩個不同歷史時期的客觀情況相比較，可以看到有利與不利兩方面的情況。有利條件：起步時減貧的速度快。2014 年減少貧困人口 1,000 萬以上，「八七扶貧攻堅計劃」起步時年減貧僅 500 萬；國家對農村的支持力度不斷加大；國家在農村全面建立了低保制度；「片區扶貧攻堅規劃」「十二五整村推進規劃」以及相關行業扶貧規劃已經國務院批准並開始實施，貧困識別、建檔立卡的工作為精準扶貧、幫扶到戶奠定了重要基礎。不利條件：國內生產總值（GDP）增速減緩；收入差距更大；投入增長放慢；農村「老齡化」「空心化」日益嚴重，缺乏發展活力。此外，目前農產品價格遭遇「天花板」和「地板」的雙向擠壓，利潤空間狹小，農民增收面臨更多困難。

綜合分析，我們必須在堅持「片區攻堅與精準扶貧」「扶貧開發與生態保護」「外部支持與自力更生」三個相結合的基礎上，面對新常態，謀劃新舉措。為此本書建議：把縮小發展差距、降低基尼系數作為重要目標，同時將扶貧開發納入國家「十三五」規劃，各部門的「十三五」規劃要與國務院批准的連片特困地區扶貧攻堅規劃相銜接，加大支持力度。

在宏觀上應重點考慮：圍繞「兩不愁、三保障」的減貧目標，繼續增加投入，特別是片區的基礎設施和教育、衛生等基本公共服務方面；在貧困人口相對集中的中西部省份，「十三五」GDP 的增幅應高於全國平均水平；抓住沿海產業向內地轉移的機會，繼續大力支持中西部縣域經濟和中小企業的發展；農村低保（包括養老）要有兜底性考慮和安排。

在工作層面應強調：在建檔立卡取得初步成果的基礎上，把幫扶到村和到戶結合起來，

堅持「統籌資源、完善機制、突出重點、分步實施、簡政放權、強化監督」。始終抓住最困難地區、最困難群體和最迫切需要解決的問題，堅持「雪中送炭」，而非「錦上添花」。把扶貧真正作為長期歷史任務，制定分階段的工作目標，不搞齊頭並進，更不追求所謂「同步」。在項目審批權限下放到縣的基礎上，省、市兩級把主要精力放在監督檢查上，包括利用第三方力量開展監督。

研究不同時期農村扶貧開發呈現出的特點、採取的政策措施，揭示農村扶貧開發的意義和啟示，對於進一步做好中國農村扶貧開發工作具有重大的指導作用。

一、體制改革推動扶貧工作

1978—1985 年，中國農村扶貧工作的主要特點是體制改革推動扶貧工作。農村經濟體制改革對於緩解農村貧困、減少農村貧困人口發揮了巨大的作用。

首先，農村經濟體制改革極大地激發和調動了廣大農民的生產積極性，農產品產量大幅度提高。如從糧食總產量上看，1978 年為 30,480 萬噸，1980 年為 32,050 萬噸，1982 年為 35,450 萬噸，1985 年為 37,910 萬噸。1979—1983 年，中國農業總產值（包括村辦工業）平均每年增長 7.9%，1984 年增長 14.5%，遠遠超過了 1953—1978 年的 26 年間平均每年增長 3.2%的速度。

其次，農產品價格的提高和農業生產資料價格的下降，使農民收入迅速增加。1979 年，國家提高了 18 類農副產品的收購價格，而農業生產資料的價格卻下調了 10%～15%，當年工農業商品綜合比價指數下降到了 1978 年的 82%，農民收入比 1978 年增長 19.4%。1979—1981 年，價格因素在農民收入增長總額中的比重分別達到 4.1%、18.1%、18.8%。農民人均純收入 1978 年為 133.6 元，1980 年為 191.3 元，1982 年為 270.1 元，1985 年為 397.6 元。

此外，在這一時期，國家還採取措施使社會財富的分配逐步向農民傾斜。如 1976—1980 年國民收入平均每年增長速度是 6.1%，農民消費額平均每年增長速度是 5.2%，國民收入增長速度與農民消費額增長速度的比例是 1.17：1；1981—1985 年國民收入平均每年增長速度是 10%，農民消費額平均每年增長速度是 11.2%，國民收入增長速度與農民消費額增長速度的比例是 0.89：1。農村勞動力的贍養系數在這一時期也逐漸下降，據農村抽樣調查資料顯示，農村平均每個勞動力負擔的人口在 1978 年為 2,153 人，1980 年為 2,126 人，1983 年為 1,191 人，1984 年為 1,187 人，1985 年為 1,174 人。收入不斷增加，而勞動力負擔的人口卻不斷減少，這使農民生活水平得到穩步提高。

在這一時期，農村人均糧食產量增長 14%，棉花增長 73.9%，油料增長 176.4%，肉類增長 87.8%；農民人均純收入增長 2.6 倍。農村尚沒有解決溫飽問題的貧困人口從 2.5 億減少到 1.25 億，貧困發生率從 30.7%下降到 14.8%。

二、大規模開發式扶貧

1986—1993 年，農村扶貧工作的主要特點是把扶貧與開發結合起來，即把解決農村貧困人口的溫飽問題與對農村貧困地區進行全面開發有機地結合起來。

20 世紀 80 年代中期，當全國農村貧困問題明顯得到緩解，貧困人口大幅度減少時，一

些自然條件較差、生態環境惡化、經濟發展水平較低地區的貧困問題開始凸現出來。鑒於此，中央政府決定採取特殊政策和措施對上述地區進行綜合開發，以解決貧困地區人口的溫飽問題，為貧困地區的全面發展創造條件。早在1984年9月29日，中共中央、國務院就發出通知，要求各地採取積極措施幫助貧困地區盡快改變面貌。1985年9月23日，中國共產黨全國代表會議再次提出要「十分重視少數民族地區的經濟和文化建設，同時採取有力的措施，積極扶持老革命根據地、邊疆地區和其他貧困地區改變落後面貌。」1986年4月，第六屆全國人民代表大會第四次會議又決定把扶持貧困地區擺脫落後狀況作為一項重要內容列入《中華人民共和國國民經濟和社會發展第七個五年計劃》之中。這標誌著中國政府開始把扶貧開發工作納入中國國民經濟和社會發展的整體佈局之中。

1986年5月，國務院成立了貧困地區經濟開發領導小組（1993年更名為國務院扶貧開發領導小組），其主要職責是制定貧困地區經濟開發的方針、政策和規劃，協調扶貧開發中各職能部門的關係，解決扶貧開發建設中的重要問題，集中管理不同口徑的扶貧資金，督促檢查有關工作。根據國務院的統一要求，各有關部委以及各省（區）、地（市）、縣（旗）也分別成立了扶貧開發的組織領導機構。這標誌著中國有了專門的扶貧開發領導機構。

國務院貧困地區經濟開發領導小組成立後，決定以縣作為扶貧開發的基本單元，並確定了331個縣作為國家專項扶貧資金投放的重點對象。國家確定的適用於國定貧困縣的貧困線是：1985年人均純收入低於150元的特困縣；1985年人均純收入低於200元的少數民族自治縣和位於一般的老革命根據地的縣；1985年人均純收入低於300元的在國內外具有重大影響的老革命根據地縣；1984年至1986年人均純收入低於300元的牧區縣（旗）和低於200元的半牧區縣（旗）。各省區又根據本地的實際情況，確定了371個縣為各省區的貧困縣，由各省區予以重點扶持。這標誌著中國農村扶貧開發工作有了明確而具體的幫扶對象。從此，中國在全國農村範圍內開始了有組織、有計劃、大規模的扶貧開發。

在這一時期，中國政府完成了扶貧指導方針的轉變：改變了以往單純救濟的扶貧方式，向開發式扶貧轉變，確立了開發式扶貧的指導方針；改變了以往分散、平均使用國家用於貧困地區的資金和物資的傾向，提出解決貧困地區的問題要突出重點，要集中力量解決十幾個連片貧困地區的問題；改變了以往單純由財政撥款、資金無償使用的方式，轉向財政撥款和銀行信貸相結合，有償使用與無償使用相結合的方式。

在這一時期，國定貧困縣農民人均純收入從206元增加到483.7元，全國農村沒有解決溫飽的貧困人口從1.25億減少到8,000萬，貧困發生率從14.8%下降到8.9%。

三、扶貧攻堅

1994年至2000年，農村扶貧開發工作的主要特點是在堅持以往行之有效的政策和措施的基礎上，貫徹和執行《國家八七扶貧攻堅計劃（1994—2000年）》。

從1991年起，農村貧困人口減少的速度明顯減緩，1991年至1993年平均每年只解決了250萬人的溫飽問題。造成這種情況的主要原因是這時的農村貧困人口主要集中在中西部的深山區、石山區、荒漠區、高寒山區、黃土高原區、地方病高發區、水庫庫區等。這些地區的共同特徵是地域偏遠、交通不便、生態失衡、經濟發展緩慢、文化教育落後、人

畜飲水困難、生產生活條件極為惡劣，因此脫貧致富的難度比較大。針對這種情況，1994年2月28日至3月3日，中央召開第一次全國扶貧開發工作會議，對20世紀最後7年的扶貧開發工作作出全面部署。根據會議的精神，國務院於4月15日頒布了《國家八七扶貧攻堅計劃（1994—2000年）》。這是中國歷史上第一個有明確目標、明確對象、明確措施和明確期限的扶貧開發行動綱領。從此，中國農村的扶貧開發進入攻堅階段。

在這一時期，中國政府重新劃定了貧困縣的標準和範圍，確定了592個國家級貧困縣。其標準為：新列入的縣1992年人均純收入低於400元；1986年已經列為國家級貧困縣的縣，只要1992年人均純收入不超過700元，就仍保留資格。

在這一時期，中國政府調整了國家扶貧資金投放的地區結構：從1994年起在1至2年內把中央用於廣東、福建、浙江、江蘇、山東、遼寧等沿海經濟比較發達省份的扶貧信貸資金調整出來，集中用於中西部貧困狀況嚴重的省區，中央支援經濟不發達地區發展的增量資金從1994年起也不再向6省投放。

在這一時期，中國政府採取了一些扶貧攻堅的新政策和新措施：第一，提出解決貧困地區人口溫飽問題要重點發展投資少、見效快、覆蓋廣、效益高、有助於直接解決群眾溫飽問題的種養業；積極發展資源開發型和勞動密集型的鄉鎮企業；有計劃、有組織地發展勞務輸出；對極少數生存和發展條件特別困難的村莊和農戶，實行開發式移民。第二，提出解決貧困地區人口溫飽問題要依託資源優勢，按照市場需求，開發有競爭力的名特稀優產品，實行產業化生產；堅持興辦貿工農一體化、產加銷一條龍的扶貧經濟實體，外聯市場，內聯農戶，帶動群眾脫貧致富；幫助貧困縣興辦骨幹企業，改變縣級財政困難的狀況，增強自我發展能力。第三，提出要動員和組織全社會力量參與扶貧開發工作，積極與國際社會在扶貧開發領域展開交流與合作，努力爭取國際上的援助。第四，提出要實行黨政一把手扶貧工作責任制，強調扶貧攻堅要落實到村、落實到戶。

在這一時期，全國農村沒有解決溫飽問題的貧困人口從8,000萬減少到3,000萬，貧困發生率從8.9%下降到3%。除了少數社會保障對象和生活在自然環境惡劣地區的特困人口，以及部分殘疾人以外，全國農村貧困人口的溫飽問題基本得到解決，《國家八七扶貧攻堅計劃（1994—2000年）》基本實現。

四、新時期的扶貧開發

在新時期，中國農村扶貧開發工作的主要特點是在堅持以往行之有效的政策和措施的基礎上，貫徹和執行《中國農村扶貧開發綱要（2001—2010年）》。進入21世紀，中國農村扶貧開發面臨著難得的歷史機遇，同時也面臨著嚴峻的挑戰。農村扶貧開發面臨的有利條件和歷史機遇是：各級黨委和政府的高度重視，社會各界的大力支持，貧困地區幹部群眾的團結奮鬥；在過去扶貧開發的實踐中，我們已經創造和累積了很多成功經驗，並探索出一些行之有效的做法；國民經濟的持續增長和綜合國力的不斷提高，國家可以投入更多的力量促進貧困地區的開發建設；中國經濟結構的調整、西部大開發戰略的實施、對外開放的進一步擴大，都將為貧困地區帶來新的發展機遇。

農村扶貧開發面臨的不利條件和特殊困難是：尚未解決溫飽問題的貧困人口一般都生活在自然條件惡劣、社會發展程度低和社會服務水平差的地區，這些地區投入與產出效益

的反差較大,脫貧致富的難度大,需要繼續扶持;初步解決溫飽問題的貧困人口,由於生產、生活條件尚未得到根本性改變,遇到特殊情況極容易重新返回到貧困狀態,鞏固溫飽成果的任務仍很艱鉅;基本解決了溫飽問題的貧困人口,溫飽的標準還很低,在這個基礎上實現小康,進而過上比較寬裕的生活,還需要一個長期的奮鬥過程。

鑒於此,2001年5月24日至25日,中央召開全國扶貧開發工作會議,總結了20多年扶貧開發的成就和經驗,部署了今後10年的扶貧開發工作。根據會議的精神,國務院於2001年6月13日頒布了《中國農村扶貧開發綱要(2001—2010年)》,這是繼《國家八七扶貧攻堅計劃(1994—2000年)》之後,又一個指導中國農村扶貧開發工作的綱領性文件。這標誌著中國農村的扶貧開發工作進入了一個新時期。

在新時期,中央政府明確提出了2001—2010年農村扶貧開發的具體奮鬥目標是盡快解決少數貧困人口的溫飽問題,進一步改善貧困地區的基本生產、生活條件,鞏固溫飽成果,提高貧困人口的生活質量和綜合素質,加強貧困鄉村的基礎設施建設,改善生態環境,逐步改變貧困地區經濟、社會、文化的落後狀況,為達到小康水平創造條件。

在新時期,中央政府根據集中連片的原則,把貧困人口相對集中的中西部少數民族地區、革命老區、邊疆地區和特困地區確定為扶貧開發的重點,並在上述四類地區確定了592個國家扶貧開發工作重點縣。

在新時期,中央政府強調要把扶貧開發工作與保護生態環境、加強基礎設施建設、基層組織建設、精神文明建設,以及計劃生育工作結合起來,促進貧困地區經濟社會的協調發展和全面進步,提高貧困地區的可持續發展能力。

在新時期,中國政府強調要做好扶貧開發統計、監測工作,及時瞭解和全面掌握扶貧開發的發展動態,做好有關信息的採集、整理、反饋和發布,採用多種方法,全面、系統、動態地反應貧困人口收入水平和生活質量的變化,以及貧困地區的經濟發展和社會進步情況,為科學決策提供必要的依據。與此同時,中國政府強調要繼續貫徹落實以往行之有效的政策和措施,如堅持執行扶貧開發工作責任制,開展扶貧開發領域的國際交流與合作,做好東部沿海發達地區對口幫扶西部貧困地區的東西扶貧協作工作,鼓勵多種所有制經濟組織參與扶貧開發,增加財政扶貧資金和信貸扶貧資金的投入,提高貧困地區群眾的科技文化素質,積極推進農業產業化經營,重點支持發展種養業等。

第二節　中國農村扶貧的現狀

經過長達半個多世紀的扶貧歷程,中國逐漸探索出一條適合中國國情、具有中國特色的扶貧道路。目前,中國形成了一個比較完整的、以政府為主導、全社會共同參與的反貧困體系。

一、農村扶貧特徵

(一) 多元化的扶貧主體

從改革開放到21世紀初,中國一直都採取的是政府主導的扶貧模式。其中,雲南扶貧

開發累積的眾多寶貴經驗，為全國農村扶貧起到了示範和借鑑作用：一是湧現了以貢山縣獨龍江鄉、會澤縣五星鄉為代表的一批典型模式；二是積極探索出了特殊類型貧困地區綜合扶貧開發的新路子；三是明確規定省級財政每年安排的專項扶貧資金不低於中央財政投入本省專項扶貧資金的30%，從法律層面上保證了財政投入力度，走在了全國前列。

目前，中國貧困人口大規模、廣泛地分佈在農村貧困地區，只有覆蓋面廣的扶貧政策才能收到較大的扶貧成效。而政府主導型的扶貧模式恰恰適應了當時的需要。21世紀初，中國農村貧困性質發生了重大的轉變，農村貧困人口大幅度減少，分佈由集中趨向分散，致貧原因呈現多樣化。這種狀況對扶貧效率提出了更高的要求，愈加注重扶貧的專業化和精細化。然而政府主導的扶貧模式邊際扶貧效益逐步降低，因此，中國做了大量的研究來探討新的扶貧制度以適應這種變化。

(二) 富有整體性和針對性的反貧困體系

從進入開發式扶貧階段起，中國便制定了符合貧困地區發展的專項扶貧模式和社會扶貧模式。專項扶貧模式因其具有針對性而收到良好成效，社會扶貧則具有整體性。兩者互相結合，優勢互補，相互依賴和促進。儘管中國改革開放30多年來扶貧戰略取得了舉世矚目的成效，但隨著貧困人口數量的降低，中國面臨的貧困性質也發生了巨大的改變，認清當前扶貧形勢的新特徵有利於及時調整扶貧政策，收到最大的扶貧成效。

二、中國的扶貧形勢

(一) 脫貧難度明顯加大

隨著扶貧工作的推進，中國的扶貧開發計劃已經不像以前那樣具有明顯的效果，雖然扶貧資金投入在不斷增加，但扶貧資金卻出現了經濟學中的「邊際效益遞減」。導致這一局面的原因主要是剩下的貧困人口自我發展能力不足，受教育程度低，以及受自然條件差和基礎設施薄弱等客觀條件的制約。因此，對貧困地區採取單一的扶貧措施已難以奏效，必須從生態、經濟、社會各方面來考察減貧的有效措施，實施綜合治理。

(二) 貧困人口大多分佈在低發展水平地區

貧困人口在地域分佈上呈現出分散化趨勢。剩餘的貧困人口大部分分佈在生活和生產條件惡劣、發展水平低下的邊緣化地區。這些地區教育覆蓋面窄，基礎設施和醫療衛生設施差，其中以西部地區和山區貧困人口為甚。

(三) 中國農村相對貧困的矛盾日趨明顯

中國在過去的扶貧工作中取得了巨大的成效，絕大多數貧困群眾初步解決了溫飽問題，但社會經濟的發展並沒有使不同地區和不同收入階層的群眾平等地分享經濟增長的成果。中國城鄉居民收入差距逐漸加大，農村居民內部收入差距也在進一步擴大，這表明農村貧困人口的貧困性質已經發生了改變，從絕對貧困轉向相對貧困，因而僅僅將扶貧的目標瞄準那些絕對貧困的人群是不夠的，必須要將緩解貧困與改善收入分配狀況結合起來。

(四) 已經初步脫貧的人口生活尚不穩定，返貧現象還時有發生

大多數農村貧困地區由於基礎設施薄弱、社會公共服務差，農村貧困人口缺乏抵禦自然災害的能力，雖然中國現階段解決了大多數貧困農戶的溫飽問題，但一旦遭遇自然災害，部分已經解決溫飽問題的農戶可能重新回到之前貧困的狀態，飽而復饑，暖而復寒。

面對這樣的扶貧形勢，為進一步加快貧困地區的發展，促進共同富裕，實現到2020年全面建成小康社會的奮鬥目標，2001年，中國政府頒布了《中國農村扶貧開發綱要(2011—2020年)》（以下簡稱新《綱要》），對農村扶貧戰略的目標和方針做了相應的調整和完善。新《綱要》的總體目標是：到2020年，穩定實現扶貧對象不愁吃、不愁穿，保障其義務教育、基本醫療和住房；貧困地區農民人均純收入增長幅度高於全國平均水平，基本公共服務主要領域指標接近全國平均水平，扭轉發展差距擴大的趨勢。

新時期，中國的扶貧戰略將更加注重轉變經濟發展方式，更加注重增強扶貧對象自我發展的能力，更加注重基本公共服務均等化，更加注重解決制約發展的突出問題，以推動貧困地區經濟社會更好、更快發展。

第三節　現階段中國農村扶貧的問題與難點

目前，中國經濟社會發展正處在新的歷史起點上。新階段的扶貧開發工作背景發生了巨大的變化，面臨著新的形勢和任務。黨的十八大提出確保到2020年實現全面建成小康社會的奮鬥目標，其中基本消除絕對貧困現象是一項重要指標。讓貧困人口共享改革發展成果，賦予扶貧開發新的定位，確立統籌城鄉發展的方略，貫徹「以工促農、以城帶鄉」的方針，使中國的扶貧事業呈現出專項計劃扶貧、惠農政策扶貧、社會各界扶貧等多方力量、多種舉措有機結合，互為支撐的「大扶貧」新局面。國家工業化、信息化、城鎮化、市場化、國際化加快推進，既為貧困地區和貧困人口的發展提供了新的機遇，也面臨新的風險和挑戰。在新形勢和任務面前，必須清醒地看到，中國仍處在社會主義初級階段，經濟社會發展的總體水平還不高，人均收入水平較低，制約貧困地區和貧困人口發展的深層次矛盾依然存在。

一、貧困人口在持續減少，但致貧因素較多且複雜，返貧壓力增大

按照新的扶貧標準（農村居民人均可支配收入為2,300元，按2010年不變價），中國農村扶貧對象為1.2億人，占農村戶籍人口的12%，絕對量依然龐大。按國際標準（每人每日1.25美元），貧困人口數量更多。同時返貧問題更加突出，短期貧困人口約占貧困人口比例的三分之二。

二、貧困地區農民收入增長較快，但收入差距擴大

城鄉居民收入絕對差距已經超過萬元。東、中、西部農民收入差距在擴大，各區域內部收入差距也在擴大。在貧困地區，一些縣的縣級財政收入的高增長掩蓋了農民收入低增長的事實，城鎮繁榮掩蓋了農村落後的事實，少數富裕大戶掩蓋了多數人收入不高的事實，相對貧困現象日益凸顯。

三、貧困地區落後面貌總體改善，但發展不平衡問題十分突出

少數扶貧重點縣超常規發展，但邊遠地區的交通、飲水、上學、就醫、住房等問題依

然困擾著群眾生活。公共服務均等化的薄弱環節基本發生在貧困地區,重點生態環境保護區農戶的生計問題沒有完全解決。

四、部分地區實現整體脫貧,但特殊類型地區和群體貧困問題仍積重難返

西部地區的主要問題集中在民族地區和邊境地區,中部集中在革命老區和山區。2008年五個民族自治區和雲南、貴州、青海三省的貧困人口,占全國農村貧困人口的比重為39.6%,且呈上升趨勢;貧困發生率為11.0%,比全國平均水平高6.8個百分點。農村殘疾人貧困面比較大,實現脫貧致富受到多重制約。

五、貧困地區生態環境惡化趨勢總體得到初步遏制,但生態環境保護區的農民生計問題還沒有完全解決

面對新形勢、新任務,扶貧開發工作需要改善和加強。扶貧對象瞄準和標準調整機制需要完善,重點工作區域需要適當調整,資金投入和管理需要強化。開發扶貧和救助扶貧有效銜接,行業扶貧和專項扶貧有機結合,經濟社會政策與人口政策相互協調,生態、資源、社會等方面補償政策全面落實,需要各方面積極配合。總之,對於全面建設小康社會過程中的扶貧開發,對於大扶貧格局中的專項扶貧工作,還需要更深入的研究和探索。

第四節 現階段中國農村扶貧的主要模式

模式是指一種相對固定的框架,是某種事物的標準形式或使人可以照著做的標準樣式。扶貧模式可以從縱向和橫向兩個角度來理解,分別形成廣義和狹義的概念。廣義的扶貧模式是指在既定扶貧戰略下的扶貧行為集合,包括扶貧行為的整個活動,是縱向意義上的扶貧模式。從扶貧行為的邏輯過程來看,一個完整的扶貧模式應該包括扶貧決策、扶貧資源傳遞、貧困人口或貧困地區的具體受益方式以及對整個扶貧過程和結果的監測評估四個基本環節,具體可概括為決策、傳遞、接受、監控四個系統。狹義的扶貧模式則是橫向意義上的理解,是將整個扶貧行為過程中不同環節的不同具體做法概括為模式,比如在扶貧資源傳遞環節已概括出貼息貸款扶貧模式、以工代賑扶貧模式和財政扶貧模式;在貧困人口受益環節可以概括出區域開發扶貧模式、科技推廣扶貧模式、勞務輸出扶貧模式等。本書採用的是縱向意義上的扶貧模式,是在將農村扶貧作為一個整體的前提下,討論不同扶貧模式的方式、過程、結果及其優點與不足。

一、整村推進模式

整村推進、產業開發、勞動力培訓轉移共同構成了中國新世紀農村扶貧開發的「一體兩翼」戰略。在1994年開始的「八七扶貧攻堅計劃」實施的後期,甘肅等地探索出了一種能夠融合項目管理和「到村到戶」的扶貧模式,即「參與式整村推進扶貧」模式。這種模式突出以人為本、以村為單位,其特點是由貧困戶全程參與項目的選擇、實施、管理和監督,政府則以政策引導和技術支持為主,在實踐中取得了明顯效果。

整村推進扶貧的目的是利用較大規模的資金和其他資源，在較短時間內使被扶持的村在基礎和社會服務設施、生產和生活條件以及生產發展等方面有較大改善，並使各類項目間能相互配合以發揮更大的綜合效益，從而使貧困人口在整體上擺脫貧困，同時提高貧困社區和貧困人口的綜合生產能力和抵禦風險的能力。「整村推進」來源於實踐，在各地的扶貧工作中都有一套約定俗成的做法。根據甘肅省扶貧辦的解釋，「參與式整村推進扶貧」是一項綜合性扶貧工程，以村級社會、經濟、文化的全面發展為目標，堅持開發與發展並舉，一次規劃，分步實施，突出重點，整體推進。在建設內容上以發展經濟和增加貧困人口的收入為中心，力求山、水、田、林、路綜合治理，教育、文化、衛生和社區精神文明共同發展；在資金投入和扶持量上，以政府投入為引導，以村級物質資源和勞動力資源為基礎，充分調動政府各部門和社會各界的力量，使各方面的扶貧資金相互配套、形成合力，集中投向貧困村需要建設的項目，達到「集小錢辦大事」的目的。整村推進以貧困村為對象和村級扶貧規劃為基礎，改變了過去以貧困縣為對象的分散的扶貧模式，使貧困村的農戶在短期內因獲得大量的投資而在生產和生活條件方面迅速得到改善，收入水平也因基礎設施的改善和農業生產率的提高而較大幅度地提高。整村推進扶貧方式最大的特點就是依託參與村級扶貧規劃這一技術體系，將扶貧資源的縣級瞄準轉為村級瞄準，從而提高中國扶貧資源的瞄準程度並減少滲漏。到 2005 年年底，全國已有 4.51 萬個貧困村初步完成了整村推進扶貧開發規劃建設任務。

（一）整村推進扶貧模式的主要優點

（1）它整合了扶貧資源，在項目建設上按照「各投其資，各記其功」的辦法，努力引導一切可用的財力、物力、人力資源，捆在一起集中投入。對貧困要素進行綜合治理和系統開發，扶貧效果比較顯著。

（2）它以參與式規劃為基礎，通過村級規劃規範扶貧項目，同時使貧困農戶有機會參與項目的選擇和決策。讓貧困農戶參與項目的選擇決策是整村推進扶貧的主要特點之一。

（3）它把項目管理引入村級社會、文化建設，使村級組織建設、民主政治建設及社區精神文明建設成為扶貧開發的必要條件，進入項目管理的範圍。

（4）它堅持政府引導、群眾自發和市場需求三個基本點，扶持和鼓勵村幹部、黨員和能人帶頭，農戶自願參加，組建各類農業生產、科技服務農產品加工流通等公司、中心或合作經濟組織，溝通生產與市場渠道。

（二）整村推進扶貧模式存在的問題

（1）一些地方仍然存在扶貧瞄準不精確的問題，在資金和項目的安排上不能保證優先考慮最貧困的人口，反而使一些條件相對較好的農戶受益較多。財政部農財司扶貧處 2004 年 12 月對廣西、陝西兩省的調研發現，「整村推進」中，受益最大的是貧困村內收入水平中等或較高的群體，對為解決溫飽問題的絕對貧困人口而言從中受益非常有限。這是由於無論是基礎設施項目還是產業開發項目，除政府的整村推進扶貧項目投入外，還需要農戶自籌一大部分資金，較高的參與門檻使得應該得到扶持的低收入農戶被排斥在項目之外。

（2）扶貧資金的投資力度不夠，財政扶貧資金缺口大。

（3）「整村推進」的扶貧方式，是解決貧困農村公共基礎設施和公共服務的一種有效方式，但不能解決農村扶貧的全部或主要問題。「整村推進」對解決貧困村和貧困戶的基本

生產和生活問題能起積極作用，但由於資金和項目規模小，無力解決區域性的貧困問題。

由此可見，「整村推進」是對以前幾個階段中國扶貧經驗的總結和提升，突出了以村為基本的瞄準單位，採用更多參與式扶貧方式，捆綁資源，採取綜合手段的扶貧模式。「整村推進」是解決溫飽的有效扶貧方式，雖然存在很多的不足，但是整村推進扶貧模式仍然是中國扶貧開發新階段應該堅持的一項扶貧戰略舉措。

二、產業化扶貧模式

產業化扶貧的實質，就是堅持開發式扶貧方針，引導和激勵貧困地區幹部群眾發揚自力更生、艱苦奮鬥的精神，合理開發利用當地資源，積極培育特色優勢產業，著力增強貧困地區自我累積、自我發展的能力，走出一條依靠自己力量增產增收、脫貧致富的路子。具體來說，產業化扶貧是通過確立主導產業，建立生產基地，提供優惠政策，扶持龍頭企業，實現農戶和企業的雙贏，從而實現帶動貧困農戶脫貧致富的目標。它是以市場為導向，以龍頭企業為依託，利用貧困地區特有的資源優勢，逐步形成「貿工農一體化，產加銷一條龍」的產業化經營體系，持續穩定地帶動貧困農戶快速致富。產業化扶貧的內在要求有兩個：一是要發展壯大貧困地區有特色、有市場競爭力、可持續發展的主導產業，推動貧困地區的經濟發展；二是要將貧困人口連接到產業鏈上，使他們參與主導產業發展，並從中受益，進而達到脫貧致富的目的。

（一）產業化扶貧模式的優勢

1. 有利於發展壯大龍頭企業和提高農業生產組織化程度

政府採取信貸優惠等政策扶持貧困地區農業產業化龍頭企業的發展壯大。通過建立「政府+公司+農戶」「公司+基地+農戶」「公司+農戶」「合作經濟組織+公司+農戶」等利益聯結機制，一方面，公司和基地可以利用農戶的力量在較短的時期形成較大的生產規模，產生規模經濟效益；另一方面，也避免和降低了農戶的風險，從而提高了農業生產的組織化程度和水平。

2. 有利於增加農民收入、促進貧困地區特色產業的形成和產業結構調整

形成特色農業，就是在貧困地區培育有規模、上檔次、具備特色的優勢農產品基地。甘肅省天祝縣自2001年以來，全縣特色種植面積已發展到14.8萬畝（1畝≈666.67平方米，下同），其中無公害蔬菜種植面積達到5.04萬畝，千畝以上無公害蔬菜示範村累計達到18個，優質油菜生產面積達到6萬畝，馬鈴薯專用薯、種薯繁育面積達到2.5萬畝。高原特色產業用10%多一點的耕地取得了占農業總產值80%以上的效益。在草畜產業上，該縣先後建成牛羊舍飼養殖示範村組26個，培育發展舍飼育肥示範戶2,160戶，帶動一般規模養殖戶9,886戶，優質牧草基地達到12萬畝，經濟雜交肉羔年出欄達到10萬只。高原反季節無公害蔬菜、人參菜、紅提葡萄、食用菌和暖棚舍飼養殖已成為貧困群眾增收的主導產業，農牧民人均純收入的53%來自於特色產業。

（二）產業化扶貧模式存在的問題

（1）產業化扶貧模式是通過直接扶持龍頭企業來發展支柱產業，從而間接帶動農戶發展生產、脫貧致富的，培育支柱產業的長期性和農戶脫貧的迫切性之間存在矛盾。

（2）龍頭企業與農戶之間的利益聯結機制容易偏離扶貧目標。由於企業的最終目標是

追求利益最大化，因此，在遭遇市場和自然風險時，在企業的利益與農戶的利益相衝突時，受損失最大的往往是處於弱勢地位的農戶。

（3）產業化扶貧缺少資金。國家扶貧資金的短缺和金融企業以利潤為導向的現行做法成為農村產業化扶貧發展和完善的障礙。產業化扶貧的模式，是通過國家扶貧貸款貼息引動、扶貧龍頭企業帶動和激勵貧困農戶主動、引領貧困農戶進入市場，從而脫貧致富、改善現狀。在現在乃至今後一段時間以内，產業化扶貧模式都將是中國貧困地區脫貧發展的一條重要途徑。

三、勞動力培訓轉移模式

隨著中國市場經濟的深化、中國城市化的發展，在實踐中扶貧工作者發現，外出打工比在當地勞作更容易提高收入，於是逐漸出現了勞動力轉移扶貧。勞動力培訓轉移模式是指通過對農民進行職業和技能培訓，提高其職業和綜合素質，通過有計劃、有組織地轉移勞動力，促進其實現就業，將農村剩餘勞動人口轉化成人力資源，將農村劣勢變為發展優勢。組織貧困地區勞動力培訓轉移，不僅投資少、見效快，而且效果持續。勞動力培訓轉移能使貧困農民解放思想，轉變觀念，開闊視野，增長見識，增加才幹。最重要的是幫助他們尋求到一條增加收入、脫貧致富的有效途徑。勞動力轉移作為扶貧的措施為各級政府廣泛提倡是 2002 年前後開始的。從 2001 年至 2006 年，全國共有 518 萬人次參加了貧困地區勞動力轉移培訓。其中 2005 年至 2006 年參加培訓的 200 萬人次的就業率基本上達到 90%，參加培訓學員接受培訓後月收入平均增加 300~400 元。現在正在進行的由國務院扶貧辦牽頭的「雨露計劃」是一項以政府主導、社會參與為特色，以提高素質、增強就業和創業能力為宗旨，以職業教育、創業培訓和農業實用技術培訓為手段，以促成轉移就業、自主創業為途徑的社會工程，其目的在於幫助貧困地區青壯年農民解決在就業、創業中遇到的實際困難，最終實現發展生產、增加收入，促進貧困地區的經濟發展。「雨露計劃」將通過多樣的職業技能培訓，幫助 500 萬左右經過培訓的青壯年貧困農民成功實現轉移就業，並使每一個學員通過穩定的就業成功帶動一個貧困家庭脫貧。截至 2006 年年底，中國各類扶貧培訓基地已發展到 2,324 個，基本上構成了覆蓋全國的貧困地區培訓網路，可以向學員提供包括涉及農林養殖、手工工藝、加工服務等為市場所需的多種類型的培訓項目。

（一）勞動力培訓轉移模式的優勢

（1）有效促進了貧困者離農就業，直接增加經濟收入，效果直接且明顯。

（2）貧困地區基本農產品消費的減少，減輕了當地生態壓力，促進坡地退耕還林，使生態和農業向良性轉化。

（3）跨地區異地就業使外出就業者不僅學到新的生產技術，而且能更新觀念，解放思想，獲得自尊、自信、自強等新的獨立人格；同時，通過回流資金與這種新的人力資源的重新結合，形成新的資源開發方式，提高項目的開發成功率和效益，將貧困地區的經濟導入新的良性循環圈。現在各地出現的返鄉務工者創業園區就是得益於這樣的資金與人力優勢發展起來的。

（二）勞動力培訓轉移模式存在的問題

（1）在扶貧對象的識別方面，參加培訓、輸出異地就業的不一定是貧困者，就年齡來

看，大多是中青年人，而他們在農村是具有相當競爭力的，並不都是貧困者。

(2) 對這些已出外務工的農民，該模式並不能提供更多的後續幫助和保護，使這些外出務工者的權益不能得到有效保障。拖欠農民工工資和金融危機下的農民工返鄉潮都有力地說明了已外出務工農民的權益未得到切實的保障。

(3) 大量青壯年勞動力的外出或外遷，遷出地不可避免地在人口結構上出現兩頭重而中間輕的不合理狀況，這就意味著青壯年減少，幼齡和老齡人口比重增大，殘病弱人口比例上升，這為農村本身的發展帶來了不利的影響。

四、外資扶貧模式

1995年7月，中國最大規模的利用國際金融組織貸款綜合性扶貧開發項目——世界銀行貸款中國西南扶貧項目開始全面實施。該項目是中國首次利用國際金融組織貸款直接用於扶貧事業的項目，改變了以往單純依靠國內資金扶貧的傳統方式，開創了國內扶貧機構與國際組織相結合、國內扶貧資金與國際金融組織貸款相結合的扶貧攻堅新路子，這使中國扶貧開發進入了一個新的階段。外資扶貧模式是指，利用國際組織或外國政府的無償援助或貸款，在貧困地區開展旨在改善項目區生產和生活條件、增加糧食產量和農民收入的各種扶貧開發活動。外資扶貧是中國農村扶貧開發的重要組成部分，1981年至2007年6月底，中國累計接受世界銀行、亞洲開發銀行、國際金融公司和國際農業發展基金會等國際金融組織貸款639.24億美元，這些貸款大部分用於投資週期長、社會效益顯著、對國家經濟具有戰略性影響的部門和領域，如農業與農村發展、基礎設施建設、教育、衛生、環保、扶貧等私人投資者不願意介入的公共投資領域。中國外資扶貧的內容和形式大致可以分為四類：大型綜合性扶貧項目，試驗、試點、示範項目，機構與能力建設項目，合作研究項目。

(一) 外資扶貧模式的優勢

(1) 它增加了扶貧開發投入總量，補充了項目區扶貧資金，加快了項目區扶貧開發的進程，緩解了項目區貧困人口和目標社區的貧困程度，提高了他們的自我發展能力。

(2) 它引進了新的發展理念和先進的扶貧項目管理方法和工具。外資扶貧項目在項目的設計上，注重「以人為本」的發展理念、項目受益群體的能力建設和可持續發展，關注婦女和弱勢群體的平等發展機會，給中國有關部門的扶貧項目設計帶來了很大的啟發；脆弱性評估與制圖方法（VAM）的引進，大大提高了對貧困鄉鎮的瞄準率。農村參與式評估（PRA）方法的引進和採用，使項目區受益人通過制定村級發展規劃（VDP）行使了他們選擇項目活動的權利，表達了他們脫貧致富的願望。以目標為導向的項目計劃法（ZOPP），對明確項目目標、提高扶貧瞄準的水平具有積極意義。

(3) 它引進了國際上有效的扶貧體制和項目管理機制，促進了中國扶貧項目管理體制的創新。科學民主的項目活動和項目受益人的選擇決策方法、貧困瞄準和農戶分類升級機制、完善的項目監測評價體系以及「一次規劃、分期實施」「綜合開發、全面發展」等扶貧開發方法和理念，都是外資扶貧模式為中國農村扶貧開發帶來的寶貴財富和經驗。

(二) 外資扶貧模式存在的問題

(1) 國內配套資金不足。中國在簽署貸款協議時承諾了國內配套資金投入的比例，但

在實際執行中卻有偏差。例如世界銀行採用報帳方法發放部分貸款，即項目單位在項目建設時先用國內配套資金墊付，然後以合格的支出憑證按規定比例向世界銀行申請回補　。如果沒有足夠的國內配套資金投入，也就無法得到世界銀行的貸款。

（2）項目前期評估程序較複雜、週期較長。項目開展過程中部分項目內容的設計與實際情況有偏差，很多項目難以達到預期的經濟效益。

（3）國內部門之間的協調難度較大，在一定程度上影響了項目管理的效率。

五、對口幫扶模式

對口幫扶模式，是由中央政府倡導、各級政府率先垂範、全社會廣泛參與的一種扶貧模式。對口幫扶可分三個層次：一是在中央政府的統一安排下，以地方政府主導的東西部協作扶貧，即東部發達省市幫扶西部貧困省區；二是各級國家機關、企事業單位幫扶轄區內的貧困縣區；三是社會各界自願捐贈結對幫扶，即民間幫扶或社會幫扶。作為國家扶貧一攬子舉措的一部分，1996年全國扶貧工作會議期間，國務院扶貧領導小組決定，東部沿海13個發達省市對口幫扶西部10個貧困省區，並做出了具體的幫扶安排；2004年又增加福建廈門市和廣東珠海市幫扶重慶市。

扶貧協作取得了令人矚目的成就。截至1999年年底，東部發達省市累計為西部貧困省區無償捐贈資金和物資達16.4億元，其中東部省市政府撥款9億元，社會捐資4.1億元，贈物折款3.3億元（包括捐贈1億多件衣被及一大批汽車、電腦、醫療設備、圖書等物資）；簽訂東西協作項目4,146項，協議投資206億元，其中已實施項目3,372項，實際投資57.9億元。東部吸收貧困地區勞務人員25萬人，勞務增收8億多元。完成幹部交流1,809人次，引進技術585項，培訓各類人才20,213人，援建希望學校969所。新修公路1,464千米，建設基本農田36,000平方米，解決了39.3萬人、29.9萬頭牲畜的飲水困難，直接帶動當地解決了165萬農村貧困人口的溫飽問題。

對口幫扶模式，有利於弘揚社會主義幫扶貧困、共同富裕的社會風尚，調動社會各方面的力量和資源參與扶貧事業，為新時期扶貧開發和建設社會主義和諧社會做出了貢獻。該模式的不足在於：扶貧資源動員的社會成本較高，捐贈項目落實難度大，具體操作上需要做大量的協調工作。

第五章　電子商務與農村扶貧

第一節　中國電子商務扶貧的發展現狀

一、電子商務銷售情況呈現井噴態勢，提振了貧困地區的農產品銷售

近些年，中國農村電子商務的發展勢頭強勁，從一些具體銷售數據可以看出，中國電子商務扶貧取得了顯著成效。2014年，在阿里巴巴零售平臺上，來自國家級貧困縣的網店銷售額接近160億元，其中網店銷售額超過1億元的國家級貧困縣有25個。2014年全國「億元淘寶縣」超過300個，遍及25個省市區，其中超過100個來自中西部地區。據《2014—2015年中國農產品電子商務發展報告》顯示，國內最大的電子商務平臺上農產品的銷售額從2010年的37億元增加到2014年的超過800億元，年均增速為112.15%。

其中，典型的貧困地區依靠電子商務脫貧致富的案例就是甘肅省隴南貧困縣成縣。由於歷史和社會經濟原因，隴南地區自然條件差，交通閉塞，成縣作為被國家重點扶持的貧困縣，全縣貧困人口就有約7.5萬人，全縣農民人均純收入僅為4,999元。但是，成縣在探尋貧困山區發展農產品電子商務新模式的道路上越走越好。直至目前，全縣開辦網店500餘家，線上銷售產品由最初的成縣核桃擴大到20多類近80個規格的隴南農特產品、省內外生活類小商品數十種，累計實現線上線下銷售近2,000萬元，農民人均增收360元，同比增長24.9%。其中，1個扶貧工作重點鄉、9個扶貧重點村基本實現脫貧。

由此可見，貧困地區的農村電子商務自發展以來，著實提升了農產品的銷售量，增加了農產品的銷售額並且提高了農民的收入，顯然電子商務在幫助貧困地區脫貧致富方面已取得巨大成效。

二、國家各級政府對電子商務扶貧支持力度大，為電子商務扶貧提供了資金保障

2015年，中央財政向中西部貧困地區為主的26個省份的200個縣下撥37億元的扶持資金，開展電子商務進農村的綜合示範工作，實施區域主要向革命老區和貧困地區傾斜。這些資金重點用於支持這200個示範縣建立完善縣、鄉（鎮）、村三級物流配送機制，開展農村電子商務培訓，建設縣域電子商務公共服務中心和村級電子商務服務站點。由最新數據可見，國家及各級政府通過專項資金的扶持，著實提高了農村商品化比例和網路銷售比例，為農村貧困地區的電子商務發展提供了國家財政和資金上的保障。

三、電子商務市場體系構建逐步完成，為貧困地區電子商務扶貧創造了條件

從中國農村近些年買賣市場來看，電子交易規模正不斷壯大。截至 2014 年 12 月，農村網民網路購物用戶規模為 7,714 萬人次，年增長率高達 40.6%。與此同時，一些農民網商已經從賣農產品、土特產的初級階段，發展到了聯繫當地工廠，採取品牌分銷代理、代發貨、委託加工等多種形式，銷售當地的優勢產品，實現了線上線下同時銷售農產品。從以下具體數據來看，淘寶網（含天貓）發往農村地區的訂單金額占全網的比例，從 2013 年第一季度的 8.65%，上升到 2015 年第一季度的 9.64%。可見，農村地區電子商務市場已初具規模，市場體系也在逐步完善。

從農村地區日益成熟的電子商務市場體系來看，中國農村電子商務的發展模式已經深入人心，並不斷得到普及和完善。電子商務市場體系構建的不斷完善，著實為貧困地區的扶貧工作創造了有利的市場大環境。農民依靠電子商務平臺脫貧致富，農產品網路市場前景尤為可觀。

四、電子商務技術不斷完善，為貧困地區農民參與電子商務活動降低了門檻

隨著經濟的發展，中國網路技術平臺不斷完善，智能手機日益普及，農村網商銷售的技能知識培訓增多，農村網路基礎設施不斷完善。這些技術和設備上的更新，使農民能通過網路瀏覽全國範圍農產品的信息，進行信息發布和資格認證，完善農產品的物流配送系統，並且方便快捷地進行現金的結算，極大地降低了貧困地區農民參與電子商務活動的門檻。數據顯示，截至 2015 年 3 月，中國 93.5% 的行政村已經開通寬帶。由此可見，網路基礎設施的大面積覆蓋使電子商務技術在中國農村地區得到充分應用，為農民通過電子商務平臺銷售農產品打下了紮實的基礎。互聯網以及電子商務技術加速向農村貧困地區滲透，為貧困區農民提供了更方便、快捷、低成本的網路活動平臺。

五、電子商務穩定的消費群體不斷壯大，為貧困地區農產品銷售提供了機遇

由於電子商務的普及，越來越多的消費者願意通過網路平臺進行交易。特別是隨著消費者對於生活質量的不斷追求和「綠色、環保、有機」的健康理念深入人心，人們不僅僅局限於購買滿足生活需要的普通大宗農產品，而且對一些反季節、跨區域的新型特色農畜產品的需求也在不斷增加。例如農家味山貨、野生海產品、特產美食、即食干貨、養生產品等。網上消費群體的不斷壯大，以及頗具購買力的年輕化消費群體願意嘗試新鮮事物，都給貧困地區農產品的銷售，提供了契機。

另外，一些加工企業、餐飲集團和流通企業作為農產品穩定的購貨群體，也更願意嘗試進行網上交易，從而節約去市場上挑選購買配送產品的時間，以此來保證農產品的新鮮度。據統計，通過農產品電子商務平臺，一些企業已將生鮮類農產品物流成本降到 25%～40%。同時，購貨商通過網上比較各種養殖戶和農場的產品信息，選購最適合企業需求的質優價廉的產品，也節約了企業的生產加工成本。這變相刺激了貧困地區供應商應對市場競爭、把握機遇的意識。

六、電子商務交易環境不斷優化，降低了貧困農民從事電子商務活動的風險

隨著中國電子商務市場監管體系、農民權益保障體系、農產品品質標準體系以及第三方金融體系的擔保交易服務的不斷完善，電子商務技術的日漸成熟和農民網上操作技術水平的提升，使農民規避了一些網上結算、招標拍賣的安全風險，一些信用風險和操作不當帶來的損失也會由第三方金融系統提供保障。國家扶貧辦針對農村電子商務扶貧工程，頒布了一系列通知和意見。一些專門針對農民的權益保障法律法規的出抬和農民自發組織的電子商務自律組織，都極大地保護了貧困地區農民從事電子商務銷售過程中的合法權益，降低了農民從事電子商務活動的風險。

七、電子商務的成功經驗，為貧困農民參與電子商務活動提供了經驗與借鑑

2014年是農村電子商務發展最具里程碑意義的一年。國家農業部展開了「信息進村入戶」的工程，並且在遼寧、吉林等十多個地方建成了一批村級信息服務站。據統計，2014年全國「淘寶村」的數量已經突破200個，並出現了19個「淘寶鎮」。

由表4-1可以分析得知，中國農村電子商務扶貧工作在全國範圍內展開，並取得了相當大的成效，這些貧困地區通過電子商務平臺脫貧致富的成功案例，為其他貧困地區發展農產品網上銷售提供了寶貴經驗。一些地區已經形成了「美麗鄉村+農村電子商務」的模式，例如，沙集模式、樓家蜜蜂園模式等。

表4-1　　　　　　　　　2014年部分地區涉農電子商務情況

所屬市縣	網店數量	網銷類型	產業依託
甘肅省成縣	200+	核桃產業	優勢農業
河北省清河縣	600+	羊絨、羊毛製品	原有產業
福建省安溪縣	1,000+	藤鐵工藝品	原有產業
雲南省賓川縣	80+	葡萄、柑橘、咖啡	優勢農業
山東省曹縣	300+	演出服飾	原有產業

第二節　電子商務與農村貧困的關係

一、電子商務對農村的重要性

近年來，農產品爛在地裡無人收購的新聞屢屢見諸報端，可以說，菜賤傷農在當下已經是一個普遍現象。僅最近一年，雲南就連續發生香蕉餵豬、西瓜養牛的事件。人們不禁要問，農民為什麼要生產賣不出去的農產品？

關於此事專家們早已進行了大量的分析。根本原因為農民對市場信息掌握不充分和農村交通條件落後，看什麼值錢種什麼，盲目擴大種植面積，結果導致農產品種植無序發展，結構不合理，農產品又運不到需要的地方去，產量增長反而使價格暴跌。所以農村的貧困

是可以通過各種方法緩解甚至消除的。既然農村需要大量的信息來實現自己的脫貧夢，那麼此時引進電子商務對於農村這個信息缺口正是一個很大的幫助。這就要求政府建立數字信息化平臺，將供求信息放上網路供農民查閱，使農民自主地掌握市場動態，自行調節供求比例；同時，電子商務在政府提供的信息化平臺上建立起直接與農民聯繫的購銷機制。這樣一來，農民不僅可以在家裡及時地獲取所需要的種植信息，而且可以把自己的農產品購銷信息直接發送給消費者。

二、電子商務對農村發展的推動作用

電子商務的發展給整個社會帶來了深遠的影響，不僅催生了很多新的行業和商業模式，而且對傳統農業產業的提升改造也發揮了巨大作用，不管是農業產業結構的調整，還是市場的拓展，都得益於電子商務的發展。先進的電子商務模式在提升農業的產業化程度、調整農業結構、降低交易成本、擴大農產品市場銷售範圍等方面都起著重要的作用。

（一）電子商務提高了農產品的市場競爭力

在中國已經加入世界貿易組織（WTO）的背景下，農產品的國際競爭力問題已經作為關係到國計民生的一個重大問題而引起廣泛關注。經濟全球化使各國市場連成一個整體，目前社會網路已經成為信息傳遞的重要工具，而獲得農產品生產、交換主動權的關鍵之一就是對最新、全面、及時、重要信息的掌握，這正是農業信息化發展的動力和需求。然而，無論是國際市場競爭還是國內市場競爭，農產品競爭力的核心都是信息化的發展水平。只有擁有先進的網路信息技術和手段，才有可能在激烈的市場競爭中取勝。農業電子商務還可以減少農產品的市場交易風險。在市場經濟條件下，農業產前、產中、產後各環節的有效銜接，以及農業生產、分配與消費的各環節，均以市場經濟規律來指導和調節，這就必須有充分、準確、及時、可靠的信息作保證。相對於工業而言，農產品對信息的掌握需求更為迫切，每年信息問題造成的農業損失難以計數，農民在生產什麼、生產多少的決策方面具有很大的盲目性和滯後性，從而使農產品的生產和交易風險極大。而電子商務的廣泛應用可以使農民按照市場需求選擇生產，並適時銷售自己的農產品，這就提高了農產品的競爭力。

（二）電子商務有利於調整農業結構

在信息化環境下，信息技術全方位地滲入農業生產和經營管理的過程中，加速了中國農業產業化的進程，提高了農業行業化的總體質量，可高質高效地改造傳統農業，加速其更新換代和優化升級的過程，從而加速傳統農業的結構調整和優化升級。電子商務在農業中的應用和發展，可以促進農業產業化過程中自動化、信息化和高效化的實現，大幅提高農業的信息化水平和經濟效益，使傳統高消耗、低效益的農業生產結構向新興低消耗、高效益的生產結構方式轉變。粗放型的農業生產模式將會被集約型、技術知識密集型的生產模式所替代，傳統的農業生產方式將得到改變，農業生產成本會下降，農業生產效率將大幅提高。

（三）電子商務有利於新型農業經營主體的培育

農業電子商務是建設社會主義新農村、開拓市場和參與全球競爭的必要手段。傳統的「一手交錢、一手交貨」的貿易模式將被打破。農民通過農業電子商務能夠十分便捷、快速

地完成信貸、擔保、交易、支付、結匯等環節。農民可以更貼近市場，提高生產的敏捷性和適應性，迅速瞭解到消費者的偏好、購買習慣及要求，同時可以將消費者的需求及時反應出來，從而促進供需雙方的研究與開發活動。小生產與大市場的矛盾是目前制約中國農業發展的一大障礙，電子商務跨越了地域、時空界線的特性，在更大範圍內調節生產與市場的矛盾，農民有更多的機會使農產品銷售到國外。

（四）通過電子商務，農民可以更大範圍地銷售產品

互聯網的發展為農產品及生產資料開闢了更廣泛的市場空間。農民有更多的機會將產品銷售到更遠的地方，同時也可實現地理範圍分散的、少量的、單獨的農產品交易規模化、組織化。電子商務可以提供 24 小時的全天候營業時間，讓農民找到更多的新市場，吸引更多客戶。另外，交互式的銷售方式，使農民能夠及時得到市場反饋，改進本身的工作，提供個性化服務，建立穩定的顧客群。

（五）電子商務有利於降低農民的生產成本

農民在購買生產資料或出售農產品之前，可以通過網路進行價格比對，選擇最合適的交易者；同時農業電子商務可以幫助生產者及時獲得管理信息、生產技術。生產者和經營者可以在網上簽訂種子、化肥及產品的供銷合同。農民還可以在網上通過集體採購、招標等手段來降低生產成本。農民通過互聯網還可以獲得市場技術、氣象預報、法律法規、蟲害預警等信息，降低生產成本和生產風險。

三、電子商務與農村扶貧相輔相成

隨著電子商務加速向農村滲透，農村基礎設施持續改進，第三方電子商務平臺為農民提供了低成本的網路創業途徑，為廣泛開展「電子商務扶貧」奠定了基礎。「電子商務扶貧」帶來的主要好處：一是增加農民收入，不少貧困農戶利用電子商務走上了發家致富的道路；二是促進農村經濟發展，隨著電子商務扶貧的開展，農村的物流、網路、公路等配套設施都會逐步改善，從而形成良性循環的商業生態；三是促進城鄉一體化，「電子商務扶貧」可以增強農村發展活力，逐步縮小城鄉差距。

扶貧工作要推進農村電子商務發展，將貧困地區的特色產業和特色產品，通過一些現代行銷手段進行市場開拓和品牌培育，從而推動整個貧困地區的產業發展，實現貧困地區的「自我造血」功能。電子商務在農業領域這塊來說彌補了之前的歷史不足，特色農業的發展又為電子商務的多元化經營奠定了堅實的基礎。

第三節　農業電子商務扶貧的 SWOT 分析

一、SWOT 定義

SWOT 分析方法可以幫助我們全面分析中國農村電子商務扶貧所面臨的外部環境以及內部環境的優勢和劣勢。運用 SWOT 分析法將有助於中國農村電子商務把握機遇、發揮優勢、彌補劣勢，利用電子商務這條經濟發展的新引擎，加速中國農村貧困地區的發展。農業電子商務 SWOT 分析表如表 4-2 所示。

表 4-2　　　　　　　　　　　農業電子商務 SWOT 分析表

內部能力 外部因素	優勢 S 1.「互聯網+農村電子商務服務」平臺的建設逐步加強 2. 農村網商數量眾多，為電子商務扶貧創造了有利條件 3. 國內前期電子商務扶貧的實踐和國外的經驗借鑑 4. 貧困地區農民強烈的脫貧致富願望 5. 貧困地區優質生態的農產品品質	劣勢 W 1. 農民對電子商務服務平臺的認識程度較低 2. 農村電子商務物流服務體系不完善 3. 貧困地區農民電子商務專業人才嚴重不足 4. 貧困地區農民生產的無序性和城市消費水平提高的矛盾 5. 貧困地區落後的交通增加了電子商務的運輸成本
機會 O 1. 農村電子商務扶貧得到國家及社會的支持 2. 農村電子商務帶來了巨大的市場潛力 3. 各大電子商務和物流企業平臺的向下延伸，使貧困地區電子商務平臺發展加速 4. 國家對西部地區物流體系建設的重視	SO 戰略 1. 借政策支持，深入發展農村電子商務扶貧 2. 借助電子商務平臺積極引導產業扶貧開發	WO 戰略 1. 積極出抬電子商務扶貧相關的政策法規 2. 培養專業人才，打好素質基礎
威脅 T 1. 農產品品牌化阻礙了農村貧困地區的電子商務發展 2. 現行社會交易信用和網路安全問題突出 3. 農產品保鮮的特質增加了物流和儲存的難度 4. 農村電子商務扶貧立法滯後	ST 戰略 1. 加快農產品品牌化和標準化建設 2. 提高物流運輸服務體系和儲存能力	WT 戰略 1. 建立健全新型社會化服務保障體系 2. 積極引入電子商務金融扶貧

（一）優勢分析

1.「互聯網+農村電子商務服務」平臺的建設逐步加強

2015 年中國已經成為全球最大的網路零售市場，並且以 30 個百分點的年平均增產速度超過美國並且拉開與世界的差距，2015 年，阿里巴巴超越沃爾瑪成為全球最大的零售商。這將意味著中國網路貿易、網路零售、跨境電子商務、農村電子商務、移動電子商務等各種電子商務形態正在全面的發展。這些巨大的成就都為中國建設農村電子商務平臺奠定了堅實的基礎。農村電子商務平臺的建設不僅為企業和農戶提供了網上交易的平臺，同時也支持 B2B、B2C、C2C 等多種網上交易模式，在降低企業和農戶從事電子商務的資金門檻的同時，也培育、扶持農村電子商務企業的發展。農村電子商務平臺為農業產業化提供了大量的多元化信息服務，為農業生產者、經營者、管理者提供及時、準確、完整的農業產業化的資源、市場、生產、政策法規、實用科技、人才、減災防災等信息。

2. 農村網商數量眾多，為電子商務扶貧創造了有利條件

中國農村網商的數量龐大，農村網商的存在也為農村電子商務扶貧奠定了有利的基礎。農村的網商是最早接觸互聯網的一個群體，從事網上交易具有一定的經驗，據阿里巴巴公布的數據，截至 2012 年上半年，中國的網商數量已經超過了 8,300 萬。他們接受新事物和新技術的能力相對較強，農村網商在電子商務中扮演著雙重的角色，帶動農戶模仿，讓廣大農戶從中受益。

3. 國內前期電子商務扶貧的實踐和國外的經驗借鑑

在互聯網時代背景下，中國的電子商務扶貧思路需要借鑑國際主流模式，高度重視和大力促進電子商務在中國農村扶貧中的應用。中國農村已湧現出一批通過電子商務成功減貧、脫貧的典型案例，中國農村電子商務第一鎮——沙集鎮，通過本鎮農民的示範帶頭作用，整個村子電子商務營運年均 5 個億。英國作為世界上第一個實現產業革命的國家，其農業電子商務的應用水平及電子商務網路的發展也位居世界前列，目前重點發展 B2B 電子商務網站業務，為農產品交易構築平臺。目前，規模最大的是「農業在線」（www.farmline.com），該平臺是 2004 年創辦的，截至 2013 年註冊用戶人數達到了 180 萬。雞禽類電子商務平臺（www.rooster.com）也是一個較大型的電子商務網站，主要為雞禽、雞肉交易提供相關的商品信息及各種在線服務。此外，像「農場主在線」（www.farms.com）、食品貿易網（www.foodtrader.com）、「農產品交易在線」（www.agribuys.com）等也是重要的農業電子商務平臺。對國內外的電子商務案例的分析，為中國農村貧困地區電子商務扶貧的開展總結出了寶貴的經驗。

4. 貧困地區農民強烈的脫貧致富願望

最近 30 多年來，中國一共有 6 億多人擺脫了貧困，但貧困問題依然十分嚴峻。依照國家的標準，到 2013 年年底中國還有 8,200 多萬貧困人口，如果參考國際標準，則還有兩億多人。中國大部分貧困地區的貧困人口不僅收入水平低，一些地方還面臨著吃水、交通、用電、上學、就醫、貸款等諸多困難。因為這些地區貧困問題十分突出，農民的生活苦不堪言，所以致富的願望也異常強烈。

5. 貧困地區優質生態的農產品品質

貧困地區由於「欠發達」，幸運地保留了良好的生態環境系統，具有綠色崛起的潛力和優勢。一方面，長時間的交通閉塞和沒有重工業的污染使得貧困落後的地區相對而言保持著良好的生態環境系統，用於種植農產品的土壤、灌溉的水源和新鮮的空氣都沒有受到嚴重的破壞。另一方面，貧困地區的農民由於對外界先進的化學農藥技術瞭解得比較少，還保持著原始的精耕細作、人畜結合、施有機肥的習慣，以手工除草、除蟲為主，很大程度上維持了生態循環系統。

（二）劣勢分析

1. 農民對電子商務服務平臺的認識程度較低

有些農民認為電子商務只是簡單地把線下交易搬到網上，沒有認識到電子商務平臺不僅是交易平臺，也是信息發布和品牌推廣平臺。還有的農民認為，只有服裝、鞋帽等日用品才能在網上銷售，農產品特別是鮮活農產品不適合在網上銷售，產品的市場開拓意識不強。同時，由於受傳統交易習慣的影響，相當多的農村商人、專業合作社、種養殖大戶仍

然習慣於一手交錢一手交貨的面對面交易，不能，也不願接受網路銷售，呈現出「上面熱、基層冷，城市熱、農村冷」的狀態。

2. 農村電子商務物流服務體系不完善

中國農村地區除少數電子商務交易較集中區域的快遞物流體系正在逐步完善外，多數貧困地區物流企業都存在網店分散、返程空載嚴重等問題。這無疑推高了建設成本，因此電子商務物流企業不願到農村布點，即使布點到農村，也大多到不了村一級，可見廣大農村地區還未形成完備的物流配送體系。加之鮮活農產品容易變質，比工業品的物流成本和運輸要求更高，物流配套更難，這在一定程度上限制了農村電子商務的發展。

3. 電子商務相關專業人才培養不足

雖然年輕人在電子商務發展中起到了舉足輕重的作用，但專業合作社社員、種養殖人員大部分為中老年人，文化水平普遍不高，對電子商務認識不足。而且大部分農村網商都是通過模仿開店發展起來的，沒有接受過系統的專業培訓，缺乏相應的專業技能和網店營運經驗。隨著農村電子商務的快速發展，專業技術和管理人才顯得尤為重要，尤其是網店營運推廣、美工設計和數據分析等方面的專業人才相對缺乏。一些地方政府也在積極引進相關專業人才，但因工作條件和環境所限，往往存在「引得進、留不住」的現象。

4. 貧困地區農民生產的無序性和城市消費水平提高的矛盾

貧困地區由於信息和交通都比較封閉，不能及時得到市場上的需求信息，因而長久以來進行著的都是隨意性的重複農業生產，沒有根據市場的需求進行種植，因而出現了產量高但是收入卻沒有增加的怪圈。隨著經濟的發展，城市的生活節奏越來越快，人們也越來越重視健康和飲食的有機性，從而使有機的、綠色的、健康的農產品開始有了發展的市場。雖然貧困地區有著先天的優勢來生產這些有機的農產品，但是由於與市場缺乏對接和小農經濟生產的無序性，貧困地區不能很好地把握城市居民的消費特點和消費需求，從而不能夠科學地規劃和佈局農產品的種植分佈。貧困地區沒有能夠把握充足的市場信息來進行生產調整，所以才會與大城市的消費市場存在衝突。

5. 貧困地區落後的交通增加了電子商務的運輸成本

中國貧困地區擁有的共同特徵就是地理位置偏僻、交通不便，這些不利因素制約了貧困地區的發展，也增加了電子商務企業的運輸成本。貧困地區大多位於「老、少、邊、窮」地區，交通不便、信息閉塞、自然條件惡劣、地形地貌條件複雜，從而在其周圍形成了與世隔絕的天然屏障，經濟結構也形成了自然經濟的封閉格局。落後地區運輸困難的制約，意味著貧困地區的產品在漫長的運輸距離和交易半徑中都要比發達地區付出更高昂的運輸成本和時間成本，同時也讓貧困地區的產品處於不平等的競爭地位。雖然，現在很多村莊，數年之前已經實現了村村通公路，但由於中國農村人口地域分佈廣泛，農村電子商務的物流配送仍然只是送到五千米外的鎮裡，無法送貨上門，部分快遞公司則要到縣裡取貨，或者更偏遠的地方。由於交通不便等問題，許多地方更是被排除在物流公司的業務範圍以外，如此，電子商務的便利性就消失殆盡了。

(三) 機遇分析

1. 農村電子商務扶貧得到國家及社會的支持

2014年11月19日國務院總理李克強實地考察了「淘寶第一村」青岩劉村，隨後2015

年 1 月 20 日，國務院副總理汪洋參觀了四大「中國淘寶村」之一的浙江臨安白牛村，使得農村電子商務成為全國乃至世界關注的焦點。2015 年 10 月 14 日國務院總理李克強主持召開國務院常務會議，決定完善農村及偏遠地區寬帶電信普遍服務補償機制，縮小城鄉數字鴻溝；部署加快發展農村電子商務，通過壯大新業態促消費惠民生；確定促進快遞業發展的措施，培育現代服務業新增長點等。一系列相關政策措施的出抬旨在鼓勵、扶持電子商務的發展。在國家各種優惠政策的引導下，農村經濟得到了快速發展，借助電子商務，農民不光把農產品銷售到全國各地，更與世界接軌，逐漸富裕起來。

2. 農村電子商務帶來了巨大的市場潛力

中國是一個發展中國家，同時也是世界上擁有農民最多的國家。農村居民為 6.74 億人，居住在鄉村的人口占總人口的 50.32%。中國城鄉發展差距大，農村市場潛力大，擁有各種特色農產品、農產品初加工品、手工品等，但是大多數農民都沒有市場競爭意識，農產品分散。在廣大農村地區實施電子商務扶貧可以有效地解決大而分散的農產品市場，使分散的個體以一種結構組織起來，專業人員通過互聯網對其進行管理，從而提高組織化水平，提升分散農村農戶的競爭力。只要用網路對國內外的農業市場進行連接，就可以為中國農村農業提供一個世界性的廣闊市場，因此，農村電子商務給農村帶來了巨大的市場潛力和發展前景。

3. 各大電子商務和物流企業平臺的向下延伸，使貧困地區電子商務平臺發展加速

物流對電子商務的重要性毋庸置疑，各大傳統電子商務、物流企業都紛紛加速物流平臺的向下延伸，加快開發步伐，加大開發力度。蘇寧規劃 5 年內建立 1 萬家蘇寧易購服務站，規劃輻射到中國四分之一的鄉鎮區域，並通過新建、改造縣級電器零售網點與鄉鎮服務店，將電子商務業務伸向干線物流所能覆蓋的農村區域。阿里巴巴則將縣鄉電子商務定位成集團的戰略，投入 100 億元推廣千縣萬村工程。同時阿里巴巴也自建菜鳥網，建設自有物流平臺，入股日日順物流公司，「聯姻」中國郵政，推出縣鄉包裹次日達的挑戰性目標，提高縣鄉物流的進出效率，逐漸編織成一張可以覆蓋全國縣鄉地區的物流配送網路。京東在宿豫區隆重推出了京東縣鄉電子商務「星火試點」工程。與此同時，京東借助自身倉儲物流的優勢，推動縣鄉電子商務與縣鄉物流業務拓展，並啟動了縣鄉推廣員項目，鼓勵員工回鄉創業，在縣鄉建設京東幫服務站。唯品會、當當網等傳統電子商務企業也迫不及待，加快了縣鄉電子商務的開發步伐。千米網作為國內電子商務系統服務商，推出以二維碼為核心的農產品電子商務解決方案，快速進入縣鄉電子商務市場。順豐加大了三四線以下的鄉鎮市場的開發，將農村最後一千米的末端配送作為突破難點與重點，設立扶持基金，鼓勵內部員工回鄉開設代理站點，借以打通縣鄉物流配送通道。以上各大電子商務和物流企業的建設規劃都加速了貧困地區的物流平臺建設。

4. 國家對西部地區物流體系建設的重視

物流業作為國民經濟的基礎性、戰略性產業，亟待規範。2009 年國務院頒布中國物流業第一個國家層面的物流業發展規劃——《物流業調整和振興規劃》。2012 年以來國家發改委牽頭組織編製的《物流業中長期發展規劃》，將成為今後一個時期指導物流業發展的綱領性文件。2013 年，各地方、各部門相繼出抬了一系列支持物流業發展的規劃、政策、意見。2014 年 9 月 12 日，國務院印發《物流業發展中長期規劃（2014—2020 年）》。這是自

2009 年 4 月發布《物流業調整和振興規劃》以來，國務院下發的又一物流行業綱領性政策文件。2015 年 3 月 12 日國家交通部會同農業部、中華全國供銷合作總社、國家郵政局聯合印發了《關於協同推進農村物流健康發展、加快服務農業現代化的若干意見》。這是繼 2015 年中央一號文件、李克強總理的政府工作報告之後，對縣鄉電子商務與縣鄉物流而言的又一利好政策。這一系列物流政策的出抬，不僅加速了中國快遞行業的迅猛發展，而且為鄉村物流的發展營造了良好的環境。

（四）威脅分析

1. 農產品的品牌化阻礙了農村貧困地區的電子商務發展

研究表明，品牌化的農產品更適合在網上銷售，而缺乏標準的農產品的電子商務問題比較突出。電子商務交易很大程度上依賴於它的便利和快捷性，農產品電子商務需要更好地利用產品編碼化和分級標準化以及包裝規格化等品牌化手段來提升農產品的交易便利。而中國地域廣闊，農產品的生產者和生產區域相對分散，並且農產品自身受自然條件的影響嚴重，生產和供給也有很大的不確定性，再加上農產品沒有統一的標示、附加值低、品類繁多、可追溯性差等問題都阻礙了農產品的標準化和品牌化的建設；與此同時，也阻礙了中國農村電子商務扶貧發展的腳步。

2. 現行社會交易信用和網路安全問題突出

當前中國的網路環境還不健全，網路的安全體系和信用評價體系還不完善，是制約電子商務扶貧發展的桎梏。電子商務交易是依託於網路的虛擬交易，是在信息、資金、物流和服務方面實現分離的交易，所以，安全和信用就成為電子商務扶貧發展的根本保證。但是，當前在線支付的網路交易詐欺事件層出不窮，虛假廣告宣傳、假冒偽劣商品更是屢禁不止，所以大部分人不願意選擇網路交易，害怕在交易過程中泄露了個人的信息。因此要實現電子商務的安全支付，就要建立各種形式的電子商務信譽認證中心和信用等級數據庫，對參與電子商務扶貧的企業或個人進行等級認證，提升扶貧企業和個人對電子商務的信賴，解決現階段網路的安全隱患；同時，要積極採取措施逐步建立起與電子商務發展相適應的社會信用制度。

3. 農產品保鮮的特質增加了物流和儲存的難度

農產品具有季節性、易腐爛性等特點，所以農產品的保鮮特質給物流和儲存增加了難度。長期以來，農產品的物流和儲存一直是制約中國農村電子商務扶貧發展的關鍵環節。中國縣以下的物流配送體系還處於缺失狀態，絕大多數地方還無法配送到鄉村。與前期物流發展不同，新的制約主要來自兩個方面：一是跨境、農村和冷鏈物流體系尚不完善；二是中國整個物流體系的數據化、智能化和協同化水平較低，物流體系有待升級。

4. 農村電子商務扶貧立法滯後

中國現行的電子商務法律主要有《中華人民共和國電子簽名法》《中華人民共和國合同法》《中華人民共和國計算機信息系統安全保護條例》《中華人民共和國計算機信息網路國際聯網管理暫行規定》和《中國互聯網域名註冊實施細則》等。這些法律多為限制性和管理型立法，而電子商務交易又是高度網路化、虛擬化的交易，涉及個人隱私、知識產權、信息安全等方面的法律問題，中國電子商務剛剛興起，與之有關的法律法規還不健全，相應的政策標準不夠規範，交易雙方的責任模糊不清，有關農村電子商務交易的法律更是空

白。因此，農村電子商務扶貧要順利健康地發展，必須盡快出抬相關的法律法規。

二、中國農村電子商務扶貧發展的應對戰略

根據上述 SWOT 分析，中國農村電子商務扶貧發展雖然面臨著諸多問題，但也有其難得的發展機遇，應積極制定相應措施，採取有效行動，努力探索出一條適合中國國情的農村電子商務扶貧發展的道路。

（一）SO 組合戰略

1. 借政策支持，深入發展農村電子商務扶貧

政策的支持無疑是對農村電子商務扶貧發展的最大肯定，《中國農村扶貧開發綱要（2011—2020年）》中提出，要完善有利於貧困地區、扶貧對象的扶貧戰略和政策體系，發揮專項扶貧、行業扶貧和社會扶貧的綜合效益，實現開發扶貧與社會保障的有機結合。隨著農村電子商務的深入發展，農產品電子商務創新和農民網上創業，成為電子商務扶貧的重要表現，特別是「淘寶村」的廣泛出現，為中國農村經濟跨越式發展和社會的轉型提供了新的機遇。為充分發揮電子商務對農業、農村和農民的帶動作用，須大力推動農村電子商務扶貧的發展。

2. 借助電子商務平臺積極引導產業扶貧開發

中國不少農村貧困地區保留了當地的生產能力，並已經形成了一些小的特色產業區。電子商務平臺可以為這些地區的特色產業提供市場信息引導的作用；在電子商務交易平臺信息中，蘊含著當地產業開發、經濟結構調整優化的極為重要的「導航」信息，反應的是當地市場潛力、產業發展的基礎和結構轉型的可能性，可為市場主體產業開發方向的選擇提供備選空間。另外政府部門也要根據各鄉鎮不同的實際情況給以合理的指導，明確適合自己的發展方向和發展模式，因地制宜地發展農業產業化。

（二）WO 組合戰略

1. 積極出抬與電子商務扶貧相關的政策法規

政府政策法規的支持是推進農村電子商務扶貧發展的前提，提供農村電子商務扶貧發展的政策法規環境是政府推進農業電子商務不可缺少的基礎工作。首先，主管部門應盡快把電子商務扶貧政策納入主流的扶貧政策體系之中。其次，要抓緊出抬在電子商務平臺上消費者反應最強烈的，並且政府和相關立法部門又相對容易做到的政策法規 。最後，政府和相關立法部門應該在政策法規制定的過程中發揮主導部門的協調功能，積極邀請法律行業人士、典型電子商務企業、消費者代表等參與法律法規的擬訂，傾聽來自各方不同的聲音，綜合權衡各方的利益，從而使與電子商務扶貧相關的政策法規發揮最大的效用，維護各方的利益。

2. 大力培養電子商務專業人才

農村電子商務扶貧需要參與人員有專業的知識和技能，然而現在中國的大部分農民思想比較落後，接受新事物的能力也比較弱，想要在短時間內讓他們掌握這些技術知識是非常困難的。如果要培養既懂技術又能銷售的複合型人才，我們可以採取以下措施：第一，對農業技術人員或農村帶頭人進行電子商務培訓，使他們掌握網路銷售技術；第二，開設網路授課等遠程課程，使生活在廣大農村地區的人能學習到電子商務知識；第三，興辦電

子商務學校，進行全日制和在職教育。

（三）ST 組合戰略

1. 加快農產品品牌化和標準化建設

加快農產品品牌化和標準化建設，為農村電子商務扶貧的發展奠定基礎。農村電子商務扶貧的一個重要特徵就是農村農產品的品牌化和標準化，而中國在農產品尤其是鮮活農產品的品牌和標準化生產體系建設上一直相對滯後，已成為制約農業生產發展的一個重要問題。為了適應發展農村電子商務扶貧的需要，現在一方面要規範生產技術標準，統一設置產品包裝標示，打造農產品的名牌戰略，著力開發具有地方特色的農產品。另一方面，政府行業協調機構應當盡快引導廣大農民加快執行國家的有關農產品質量等級標準、重量標準和包裝規格等標準體系，以減少運輸和銷售環節的關卡，為加快實現電子商務扶貧奠定堅實的基礎。

2. 完善物流運輸服務體系，提高儲存能力

農產品物流服務體系的建立還需要聯合快遞企業的物聯網，當大數據時代來臨的時候物流是最能反應它的敏捷度。首先政府要加快完善交通運輸、信息採集、產地集配、冷鏈等相關配套設施，讓產地信息與交通運輸無縫對接。其次政府要鼓勵農村商貿企業建設配送中心，發展第三方配送，引進技術先進的物流企業的物流技術等，提高流通效率。最後政府要給農產品開設專用的綠色通道，少設關卡，提高農產品的流通效率，在農村的特色產業群、特色農產品與市場之間搭橋建路。

（四）WT 組合戰略

1. 建立健全新型社會化服務保障體系

在農村電子商務扶貧的過程中，國家和政府也要提供相應的社會化服務配套保障，建立健全農村貧困地區的社會化服務體系，建設綜合信息服務站，完善村級信息服務站軟硬件設施和服務功能，開展農業公益、便民、電子商務、培訓體驗等服務。例如提供農村特色種養殖及技術加工在線培訓，及時發布農產品種植和銷售等信息，在降低農村電信資費的同時，提供網路行銷技能培訓，加強農村電子商務典型技能培訓、示範推廣。在農村電子商務扶貧運作的過程中提供相應的定向資金和融資服務，同時開通在線訂購服務，方便廣大村民享受社會化服務提供的便利，進一步提高農村貧困地區的生活水平。

2. 積極引入電子商務金融扶貧

在繼續深化金融扶貧改革創新的同時，須高度重視互聯網金融在扶貧領域的應用，應努力將電子商務扶貧與金融扶貧結合起來。對此，筆者主要有以下建議：①應充分發揮以阿里、京東為代表的電子商務平臺企業的作用，他們可依託信用數據優勢，開展互聯網金融創新探索，有助於金融扶貧走出「貸款難」「擔保難」的長期困境；②建議線下傳統金融機構和電子商務平臺企業攜手合作，實現前者的資金優勢和後者的電子商務信用數據優勢互補，共同服務於扶貧大目標；③電子商務金融扶貧需要在兼顧公平扶貧與重點扶貧的前提下，視融資、擔保不同對象的情況和信用記錄的差異，採取不同策略。

第六章　電子商務農村扶貧模式

　　隨著農村互聯網接入條件的不斷改善、網路硬件設備的不斷完備，農村地區網民規模也將持續增長。隨著互聯網的迅猛發展，電子商務在增加農民收入、推動農業增產和發展農村經濟方面必將發揮出越來越積極的作用。當前，中國農村貧困問題還比較突出，促進發展、消除貧困、實現共同富裕，是中國孜孜以求的理想。扶貧要扶智是扶貧攻堅的創新課題，而電子商務的創新發展就是21世紀扶貧工程的重要方面。本章對電子商務農村扶貧模式進行了探索，不僅具有理論價值，更具有實踐指導意義。

第一節　電子商務農村扶貧模式概述

一、電子商務農村扶貧模式的內涵

　　電子商務模式是網路企業生存和發展的核心。關於此概念的定義有多種：拉帕（Rappa）認為電子商務模式是企業借助互聯網獲得收入的方式，這種方式可以使企業可持續發展；蒂默爾斯（Timmers）認為電子商務模式是通過電子市場反應產品流、服務流、信息流及其價值創造過程的運作機制；阿米特（Amit）和卓德（Zott）認為電子商務模式是電子交易處理組成的架構，該交易處理的組成包括特定的信息、服務、產品，以及從事交易的各方。韋爾（Weill）和瓦伊塔爾（Vitale）認為電子商務模式包括對決定企業產品、信息以及資金流的消費者、客戶、同盟以及供應商各自的角色以及相互間關係的描述，以及各方能獲得的主要利益的描述。

　　雖然以上定義各不同，但都揭示了電子商務模式的一個本質，即企業通過互聯網獲取利潤的方式。此外，更重要的是，它們闡述了電子商務模式應包含的相關組成，每種觀點給出的方案要素不同。而電子商務模式方案更重要，它是保證模式成功的必要條件。綜上所述，電子商務模式是指企業通過互聯網獲得收入的方式以及實現這種方式的方案。

　　電子商務農村扶貧模式是電子商務模式中的一項社會服務性的模式概念，借用電子商務模式的定義方式，電子商務農村扶貧模式可概括為：通過互聯網技術增加農民收入和發展農村經濟以解決農村貧困問題的方式及其實現這種方式的方案。

二、電子商務農村扶貧模式的設計原則

　　電子商務農村扶貧模式的設計要從理論和實踐中尋找依據，符合科學性和系統性的原

則；同時，還要結合具體地方的實際情況，具有目的性和適用性。電子商務農村扶貧模式的設計主要遵循以下四條原則：

（一）科學性原則

借鑑國內外現有的電子商務扶貧的方式和方法，依據科學的理論要求，以電子商務農村扶貧的外部環境和內部條件為出發點，力求科學而系統地反應電子商務農村扶貧的需求。所設計的模式必須符合經濟學、發展學和電子商務理論；同時，模式運作的方式和方法要科學。

（二）系統性原則

電子商務農村扶貧模式要能夠全面完整地反應電子商務扶貧工作的需要，要具有一套比較系統的組織機制和運作機制。

（三）目的性原則

電子商務農村扶貧模式的設計要有明確的目的，要致力於推進電子商務在農村扶貧工作中發揮積極的作用，解決農村貧困問題。

（四）適用性原則

電子商務農村扶貧模式的設計和運用要結合當地的實際情況，採用最適合本地的可操作的電子商務農村扶貧模式。

三、電子商務農村扶貧模式的類型

電子商務農村扶貧模式主要包括公共機構電子商務農村扶貧模式、農業企業電子商務農村扶貧模式和合作社電子商務農村扶貧模式。詳細內容將在本章第二節中作介紹。

四、電子商務農村扶貧模式的特點

電子商務農村扶貧模式是電子商務在農村扶貧工作中的運用，除具有電子商務模式的基本特徵外，還有其獨有的特點。

（一）多樣性和特殊性相結合

多樣性表現在電子商務農村扶貧的模式可以根據不同的角度劃分為不同的模式，也表現在各地區採用的電子商務農村扶貧模式也是多種多樣的。特殊性表現在各種電子商務農村扶貧模式具有獨特的運作方式和方法，也表現在不同的地區和農產品採用的模式具有差異性和特殊性。

（二）盈利性和服務性相結合

電子商務農村扶貧模式的主體機構在利用電子商務來增加農民收入和發展農村經濟的同時，也會給自己帶來一定的收益。農業企業電子商務農村扶貧模式對利益需求最大，合作社電子商務農村扶貧模式次之，公共機構電子商務農村扶貧模式對利益需求最小。公共機構電子商務農村扶貧模式的服務性價值目標動機最大，合作社電子商務農村扶貧模式次之，農業企業電子商務農村扶貧模式的服務性價值目標動機最小。

（二）農村扶貧和電子商務相結合

電子商務農村扶貧模式是以電子商務服務平臺開展農村扶貧工作的模式，在農村扶貧工作的大背景下，積極利用現代化的電子商務網路經營形式，將農村扶貧工作與電子商務結合起來，將有助於拓寬農業經營的範圍和形式，增加農民收入，推動農村經濟的發展。

第二節　幾種主要的電子商務農村扶貧模式

電子商務農村扶貧模式是根據主體的不同來劃分的，主要包括公共機構電子商務農村扶貧模式、農業企業電子商務農村扶貧模式和合作社電子商務農村扶貧模式。電子商務農村扶貧主體在電子商務農村扶貧工作中具有主動性，主體作用發揮的好壞直接關乎電子商務農村扶貧的成效大小。

一、公共機構電子商務農村扶貧模式

公共機構電子商務農村扶貧模式是指以公共機構為主體，依託電子商務平臺或自建電子商務平臺，開展電子商務農村扶貧工作，為貧困農村提供相應的電子商務服務的方案。

（一）公共機構電子商務農村扶貧模式的形式

公共機構電子商務農村扶貧模式主要包括政府部門主導模式和科研教育機構主導模式兩種形式。

1. 政府部門主導模式

政府部門主導模式主要以政府部門投入為主導力量建設電子商務農村扶貧服務平臺，為貧困農村提供相應的電子商務服務。這種模式主要強調發揮政府的主導作用，政府是決策者和主要服務者，並通過制定合理的電子商務農村扶貧政策，引導企業、高等院校、科研院所、仲介機構等組織參與電子商務農村扶貧工作，如農業部、農業推廣部門等的電子商務農村扶貧。

2. 科研教育機構主導模式

科研教育機構主導模式主要以科研教育機構為主導力量建立電子商務農村扶貧服務平臺，為貧困農村提供相應的電子商務服務。這種模式主要利用科研教育機構的電子網路技術和人才優勢來開展農村電子商務業務。

（二）公共機構電子商務農村扶貧模式的特徵

1. 公共機構是投資主體

在公共機構主導模式中，政府或科研教育機構等在平臺建設和運行過程中占據了主導地位，公共機構資金投入是此類平臺賴以生存的基礎。此類平臺大多定位於電子網路技術服務和區域農產品品牌推介等具有較強的外部作用的服務，以彌補市場化電子商務農村扶貧服務的缺陷。

2. 公共機構負責平臺營運

在公共機構主導的模式中，公共機構直接參與電子商務農村服務平臺的運作。在該模式下，公共機構負責公共扶貧創新平臺建設、營運和實施等具體工作，包括平臺的機構組織、功能定位、服務對象等一系列的機制設計。

3. 具有高效的創新網路技術

公共機構具有雄厚的資金和技術優勢，能夠引進更好的技術人才和設備，以支持電子商務農村扶貧工作的開展。

4. 平臺的公益性質

以公共機構為主導的服務平臺，主要目的是推進電子商務農村扶貧工作的開展，大多數以非營利為導向，公益性突出。

（三）公共機構電子商務農村扶貧模式的優點和缺點

1. 公共機構電子商務農村扶貧模式的優點

一是平臺易於建立。以公共機構為推動力量，通過公共機構組織和規劃，有利於電子商務農村扶貧服務平臺建設營運過程中各部門之間的協調，有利於電子商務農村扶貧工作的推進。二是平臺資金易於落實。公共部門能夠快速將資金投入電子商務農村扶貧的公益性工作中。三是能夠快速聚集平臺所需要的人才隊伍。一方面，可以抽調專業管理人才和技術骨幹負責電子商務農村扶貧工作，另一方面，能夠實施人才引進政策，吸引優秀的技術、管理、行銷類人才。四是能有效地克服外部性所導致的電子商務扶貧服務供應的不足。由於電子商務農村扶貧工作存在外部性問題，市場機制無法保障有效的服務供給，那麼公共機構的介入能夠進行彌補，保證電子商務扶貧工作的順利開展。

2. 公共機構電子商務農村扶貧模式的缺點

一是體制相對僵化。由於社會管理體制改革和政府轉型滯後，電子商務農村扶貧模式會存在管理領域政府越位、缺位、錯位等現象，影響管理平臺的有效性，出現管理混亂等問題。二是資金壓力大。這種模式下平臺表現為非盈利性強，自我創收能力弱，平臺以公共機構的投入為主，會給公共機構的財政帶來壓力。三是缺乏有效的內部激勵機制。這種模式在建設和運行過程中，行政因素占了較大的方面，極大可能使得平臺營運不能立足市場需求，無法及時根據市場環境進行調整。

二、農業企業電子商務農村扶貧模式

農業企業電子商務農村扶貧模式主要指以農業企業為核心，在政府的引導和支持下，聯合高等院校、科研院所、相關企業、仲介機構等資源，依託現有的大型電子商務平臺或自行組建電子商務農村扶貧服務平臺，並實行市場化運作，以為農業企業內部和貧困農民提供有償電子商務服務的方案。

（一）農業企業電子商務農村扶貧模式的形式

近年來根據中國農業企業實施電子商務的實際情況，可歸納總結出七種具有代表性的農業企業電子商務扶貧形式：

（1）信息發布。該模式是指企業依託某些仲介機構發布有關企業的簡單信息，主要用於介紹企業的經營特點，推薦企業產品和宣傳企業業績等。

（2）企業網站。該模式是指企業建立自己的門戶網站，用於企業形象宣傳和產品推廣，為客戶提供互動交流的平臺等。

（3）電子商店。該模式是指企業利用第三方平臺建立網上商店、企業店鋪、電子商城等，用於在線銷售企業農產品等。

（4）信息仲介。該模式是指企業收集各種信息並經過加工處理後提供或出售給其他企通業，過提供信息仲介服務來幫助其他企業獲得相關信息。

（5）虛擬社區。該模式是指企業利用網路社區來宣傳、銷售和推廣企業農產品和服

務等。

（6）第三方交易市場。該模式是指企業搭建第三方交易平臺，為交易各方提供信息、交易等服務。

（7）價值鏈整合。該模式是指企業對價值鏈中各個環節或某幾個環節進行整合和優化。

(二) 農業企業電子商務農村扶貧模式的特徵

1. 企業化運作

依託農業企業建設的電子商務農村扶貧創新服務平臺在平臺建設的方向和發展基本思路上都具備獨立性，能夠制定自身的發展戰略和經營理念，完全採用市場化運作，自主營運，自負盈虧。採用企業化的電子商務扶貧模式，將企業利益和農業扶貧工作結合在一起，推動了農產品市場化的發展。

2. 可實現市場收益甚至實現盈利

農業企業創建農村扶貧服務平臺更能適應市場的需求，能夠向服務對象收取市場服務費用，實現經濟效益與社會效益的雙贏。

3. 獨立法人制度

農業企業建設電子商務農村扶貧創新平臺通常採取法人管理模式，不斷改革用人制度、內部分配制度，提升內部創新活力，並且能夠自主地開展電子商務農村扶貧活動，是獨立的市場運作主體。

(三) 農業企業電子商務農村扶貧模式的優點和缺點

1. 農業企業電子商務農村扶貧模式的優點

一是市場化服務程度高。電子商務農村扶貧創新平臺的服務意識強，主動調查需求，服務內容能夠與企業創新需求緊密結合，為農業產業提供鏈條式服務。二是持續發展能力強。農業企業的管理機制靈活，工作效率高，成功營運的平臺能夠通過創新服務內容獲得市場從而獲得較為客觀的收益，增強電子商務農村服務平臺的發展能力。三是技術創新能力快。為了實現自我生存和自我發展，企業建設的電子商務農村扶貧創新平臺在人才引入機制和技術創新機制上會不斷提升。

2. 農業企業電子商務農村扶貧模式的缺點

一是農業企業建立難度大。一般情況下，在符合國家和地區農業產業發展政策和趨勢的情況下，要建立公共的電子商務農村扶貧創新服務平臺的企業需要滿足一定的條件，比如具備較強的電子網路技術，具有相關的技術人才等。二是農業企業發展受市場影響大。農業企業容易受到經濟環境以及農產品週期性的制約。三是農業企業的盈利性和農村扶貧工作的服務性矛盾突出。農業企業往往注重市場給企業帶來的收益和企業自身的發展，而在電子商務農村扶貧的服務方面則顯得薄弱。

三、合作社電子商務農村扶貧模式

合作社電子商務農村扶貧模式主要是指合作社在代表合作社成員的利益基礎上，以政府的引導和支持為依託，以農業電子商務項目為紐帶，尋求高校、科研院所、仲介結構等資源，依託現有電子商務平臺或自行組建電子商務農村扶貧服務平臺，為貧困農村提供電子商務服務的方案。

（一）合作社電子商務農村扶貧模式的形式

合作社電子商務農村扶貧模式主要包括農產品電子商務平臺和農產品電子超市兩種形式。

1. 農產品電子商務平臺

該平臺通過「農戶+協會+專業合作社」或「農戶+基地+農業企業」的形式建立農產品供應體系，建立第三方綜合性交易平臺，通過交易平臺進行網上採購、批發及拍賣。交易平臺對貿易雙方進行身分認證後，通過標準質量檢測體系對農產品進行質量檢測，並向貿易雙方提供信息服務、仲介服務、交易服務，對整個交易過程進行監控管理，保證交易的安全性和規範性。農產品供應體系的建立，使農產品生產實現規模化、標準化，保證了農產品的供應；第三方綜合平臺的建立，保證了農產品的質量以及整個交易過程安全、規範地進行；交易雙方通過規範化的交易加強彼此合作，有助於電子商務供應鏈體系的建立。

2. 農產品電子超市

網路購物已逐漸成為人們的一種消費習慣。因此，以城市為中心、以城市周邊地區為農產品供應地、以農民合作社為依託建立網上超市，消費者可以通過網路查詢農產品的信息，通過與農民簽訂採購合同，方便地購買瓜果、蔬菜、生鮮肉等農產品。依靠自身優勢發展農產品網上超市，將最新的農產品信息（包括品種、價格、生產日期等）發布在網站上，建立配送體系，能夠減少攤位費、產品陳列費等貿易成本，還可通過市場信息指導農民生產，在一定程度上緩解農民「賣菜難」的問題；同時，城市居民通過網上商店進行農產品信息的查詢、選購與支付，節省了搜尋成本和詢價議價成本，跨越了時間和空間的限制，降低了採購成本。

（二）合作社電子商務農村扶貧模式的特徵

1. 合作社處於主導地位

在這種模式下，合作社通常是電子商務扶貧創新平臺的發起者，在電子商務農村扶貧模式的功能選擇、運行機制等方面都有一系列的設計，直接服務於農村扶貧工作。

2. 政府扶持平臺建設

在合作社建設電子商務扶貧模式的過程中，通常離不開政府引導、扶持。當地政府在人才政策、資金政策等方面都給合作社一定的支持，以促進合作社電子商務扶貧服務平臺的不斷發展、壯大，為貧困農民提供更多、更好的電子商務服務，以解決農村的貧困問題。

3. 有一定的市場收益

合作社主導建設的電子商務農村扶貧創新服務平臺雖然具有公益性質，但仍會通過收取成本加成的服務價格，一定程度上解決了合作社發展的資金需求。

（三）合作社電子商務農村扶貧模式的優點和缺點

1. 合作社電子商務農村扶貧模式的優點

一是組織較為穩定。合作社有一個相對完整、有效且相對穩定的組織架構和領導團隊，組織內部各部門之間的互動與合作比較密切，因主要領導的變動而引起平臺佈局全盤調整的可能性較小。二是合作社服務程度高。針對農村扶貧工作展開的制約因素，圍繞農民的需求，合作社具有針對性地提供專業信息、市場信息、商貿物流等服務，力爭為農民提供全方位的電子商務服務。三是市場接納度高。合作社作為電子商務農村扶貧平臺建設的主

體，其優勢是服務意識強，能夠主動發現農民需求，密切聯繫服務對象，農民對其的接納程度高，並且合作社也具有企業的一些特性，也符合農業市場化的建設要求。

2. 合作社電子商務農村扶貧模式的缺點

一是建設成本高。合作社主導建設電子商務農村扶貧創新服務平臺往往需要政府提供資金和政策支持，其在整合農村資源過程中所面臨的問題較多，比如在人才隊伍組建、行政審批等方面都會增加初期投入和尋租成本等。二是盈利模式不可持續。該模式雖然有一定的經營收入能力，但未能形成合理的市場機制，大多數合作社都不具備自負盈虧的能力，其電子商務農村扶貧工作，長期需要政府的資金支持，使得該模式缺乏可持續性。三是技術累積能力不強。合作社在開展電子商務扶貧工作中，組織還比較鬆散，人才比較匱乏，技術水平也不夠高，使得其無法提供高質量的電子商務農村扶貧服務。

第三節　電子商務農村扶貧模式的發展思路

目前，中國大部分地區的農業產業存在著生產經營分散、產品競爭力不強、流通環節多、交易成本高、標準化程度低等問題，農村依然還比較貧困。特別是近年來隨著經濟全球化程度的日益加深，農業產業所面臨的小生產與大市場的矛盾更加突出，而電子商務則為解決這些問題提供了有利條件。因此，開展電子商務農村扶貧工作，將有助於解決目前的農民貧窮、農業不發達、農村落後的現狀。在電子商務農村扶貧工作的開展中，對電子商務農村扶貧模式的不斷探索與創新，具有理論和實踐意義。

一、電子商務農村扶貧模式的構建流程

構建電子商務農村扶貧模式時，應首先根據電子商務扶貧工作的戰略目標制定電子商務戰略目標，然後再針對電子商務扶貧目標選擇相應的電子商務農村扶貧模式，以解決農村貧困問題。考慮到電子商務農村扶貧工作中，農村經濟落後、科技含量低、農業市場缺乏活力、融資渠道較窄等問題，電子商務農村扶貧模式的主體可以在構建電子商務農村扶貧模式時，分三個階段發展。

（一）第一階段：實現服務信息化

主要目標：實現信息流的網路化，通過網站或電子商店發布農產品信息，進行網上行銷，直接與客戶網上簽約洽談，直接進行網路採購等。

電子商務模式：此階段主要通過信息共享、供求信息的查詢和發布、產品和經營主體形象的宣傳等，為市場開拓創造條件，可以採取信息發布模式、網路行銷模式和電子商店模式。

成功的關鍵因素：能夠實現企業內部信息化；能夠使用電子商務應用軟件對客戶、網站內容等進行管理；能夠打通和有效整合網站和第三方平臺上建立的電子商店。

（二）第二階段：作為農產品或農業服務仲介

主要目標：作為農業商品交易平臺、經銷商的管理平臺，實現線上到線下（O2O）行銷渠道的協調、整合及聯動。

電子商務模式：此階段可採用信息服務仲介模式或第三方交易平臺模式。企業通過提供信息仲介服務來幫助買賣雙方獲得相關信息，或提供第三方的網上交易平臺及交流平臺為交易各方提供交易服務。

成功的關鍵因素：要求吸引並維持大量的客戶，並能夠確保客戶忠誠；能夠利用客戶數據對客戶進行充分分析，並對客戶群進行明確的劃分；在交易需求不斷擴大的情況下，能夠有能力迅速擴充自己的基礎設施以滿足需求；能夠進行信息系統規劃，明確如何在業務活動中最有效地運用計算機技術等。

(三) 第三階段：開展協同電子商務

主要目標：開展協同電子商務，實現信息協同、內外部協同，將經營主體的上下游、廠商和客戶集合起來，共同打造一條高效的價值鏈。

電子商務模式：可以通過聯合構建「供、產、銷」一條龍、集成現代管理技術的電子商務平臺，使供應鏈上下游企業各方能夠同步作業。此階段經營主體需要建立電子商務農村扶貧服務平臺，並使用網路整合價值鏈，對價值鏈中各個環節或某些環節進行整合和優化，以提高自身的競爭能力。

成功的關鍵因素：要求經營主體擁有信息資源並能夠進行信息資源的管理；能夠創建品牌並進行品牌管理；能夠將信息以簡潔且創新的方式提供給買方、聯盟、夥伴以及賣方；能夠幫助供應鏈上的其他參與方將信息轉化為資本等。

二、電子商務農村扶貧模式的運作

電子商務農村扶貧模式的提出具有獨特的意義。一方面，這是一項具有創新性的理論研究課題；另一方面，它為電子商務農村扶貧工作提供了可借鑑的方式和方法，將有助於推進電子商務農村扶貧工作。隨著對電子商務農村扶貧工作的理論和實踐探索的不斷深入，我們初步摸索出了電子商務農村扶貧模式的整體構架，如圖6-1所示。

電子商務農村扶貧模式主要通過經營主體的活動來運作。具體要點如下：①以公共機構、農業企業或合作社為樞紐對客戶及市場的需求進行分析，從而確定農業產品的供應量。②以公共機構、農業企業或合作社為操作者運用電子商務手段開展農業產品的交易。③通過市場交易，農民獲得收益以改變農村的貧困狀況。

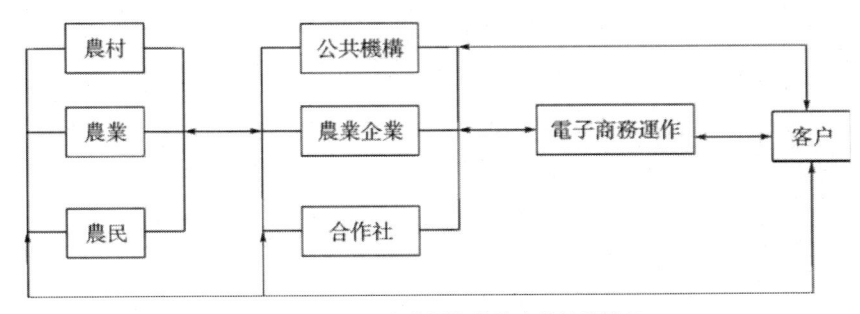

圖6-1 電子商務農村扶貧模式的整體構架

三、電子商務農村扶貧模式的推進

隨著對電子商務農村扶貧工作的不斷深入開展，以公共機構、農業企業或合作社為主的電子商務農村扶貧模式的經營主體，逐漸尋求以區域專業化、功能化的方式或方法來推進農村扶貧工作。通過對電子商務農村扶貧工作的現狀進行研究與探索，我們總結出以下三種電子商務農村扶貧模式的區域推進形式。

（一）縣域帶動

縣域帶動是在黨和政府的領導下，獨自或者扶持企業和合作社開展電子商務農村扶貧工作，具有較大的政策和經濟實力優勢，保證了電子商務農村扶貧工作的順利開展。在縣域扶貧工作中，形成的高效的公共機構、農業企業或合作社的電子商務扶貧模式，及其有機結合的運作方式，將推進電子商務在農村扶貧工作中發揮作用，對縣域內整個農村的發展具有較大的帶動作用。

（二）鄉鎮推動

鄉鎮是農村的集合體，鄉鎮的公共機構、農業企業或合作社直接與農村接觸，是直接推動農村發展的主要動力。公共機構、農業企業或合作社的電子商務扶貧模式及其有機結合的運作方式要結合本地區農村的具體情況設定，從而形成系統的電子商務農村扶貧專業鎮來推動農村經濟發展，解決農村貧困問題。

（三）整村推進

整村推進是穩定解決農村溫飽問題的有效扶貧方式，是電子商務農村扶貧開發新階段應該堅持的一種扶貧戰略舉措。整村推進可以採用公共機構直接帶動農村發展，也可以自助性地以農業企業或合作社的模式來整合農村資源，利用電子商務的具體操作，形成完備的電子商務扶貧整村推進的方式或方法，在社會扶持和貧困農戶自主脫貧的努力下，從根本上解決農村貧困問題。

四、電子商務農村扶貧模式的經營發展戰略

對電子商務農村扶貧模式的經營發展戰略敘述如下：

（一）加強經營管理能力，促進電子商務農村扶貧模式作用的發揮

經營和領導管理能力的提高，有助於促進公共機構、農業企業和合作社的收益增加或工作效率的提高，有助於電子商務農村扶貧模式形成高效的運作機制，同時也促進主體在電子商務扶貧工作上發揮更大的作用。

（二）構建區域推進形式，帶動電子商務農村扶貧模式經營的多面發展

結合地區情況，開展地區性的電子商務農村扶貧模式的縣域帶動、鄉鎮推動或整村推進，設計出適合本地的電子商務區域扶貧形式，開展區域扶貧，將主體作用的發揮和區域發展相結合，有助於促進區域發展，促進區域脫貧。

（三）加強市場導向作用，增加電子商務農村扶貧模式經營的實際效益

電子商務農村扶貧模式的建設要注重農業市場的導向作用，以市場的運作方式及方法，實現農業產品的供求關係平衡，獲得最大的農業效益，增加貧困農民的收入，解決農村貧困問題。

（四）培養電子商務扶貧人才，提升電子商務農村扶貧模式經營的持續活力

人是模式運作的原動力，加強電子商務扶貧人才的引進和培訓，有利於保障電子商務農村扶貧工作的高效持續開展，提升經營主體模式的運作活力，持久高效地推動農村經濟的發展。

（五）發展電子商務網路技術，保證電子商務農村扶貧模式經營的高效運行

利用先進的網路電子技術，建立電子商務農村扶貧服務平臺和農業電子數據庫，對涉及生產、加工、交易、物流等各環節的網路和數據進行分析與挖掘，為精準扶貧提供支撐。

（六）加大政策資金扶持，保障電子商務農村扶貧模式經營的順利開展

政府根據具體情況，圍繞電子商務農村扶貧工作，做到政策優先傾斜、項目優先安排、資金優先保障，對貧困農村的電子商務農村扶貧模式的主體提供政策與資金扶持，為其提供保障。

（七）加快體制機制建設，健全電子商務農村扶貧模式經營的規範體制

電子商務農村扶貧模式的規範運作需要建立相應的體制機制。完善的電子商務農村扶貧模式運作機制，將有助於紮實推進電子商務農村扶貧工作。

（八）開拓創新發展思路，找到更優的電子商務農村扶貧模式的經營方法

電子商務農村扶貧模式需要結合農村社會的經濟發展情況，積極利用理論創新和實踐創新成果，找到新的適合本地區的電子商務農村扶貧模式的經營方法或新的電子商務農村扶貧模式。

第七章　電子商務扶貧的障礙分析與對策

第一節　電子商務扶貧的障礙分析

全國各貧困村的優勢農產品由於生產、品牌推廣和生產行銷等方面的原因，市場份額普遍較低。通過搭建平臺、加強培訓、典型引領，實現電子商務在貧困地區的推廣，可以打破傳統行銷活動的地域限制，使貧困村的特色農產品銷售成為一種全國、全球性的活動，從而實現產業扶持到戶和銷售直接到戶，帶動全國貧困村優勢產業的發展。同時，通過資金支持青年貧困農民開展電子商務創業，能夠增加農民收入，達到幫助農民脫貧的目的。但是，電子商務扶貧工作的開展在現實工作中又會遇到各種各樣的問題。那麼，制約電子商務扶貧的障礙又有哪些呢？我們主要從以下幾個方面來分析。

一、農產品本身特點的制約

農產品與其他工業品相比，在發展電子商務上，其本身有許多限制性條件。主要表現在以下幾個方面：

（一）易腐易毀損

農產品是水分含量相對較高的生命有機體的組織，易因溫度、通風等條件不適而腐爛變質。蔬菜、食用菌、禽蛋等新鮮農產品易因堆碼保管措施不當造成擠壓等導致毀損。因此，農產品物流損耗大。資料顯示，中國大約35%的農產品損耗發生在物流過程中，水果、蔬菜產後損失率近 20%。國家農產品保鮮工程技術研究中心研究發現，中國每年生產的水果、蔬菜從田間到餐桌，損失率高達25%～30%，而發達國家的水果、蔬菜損失率則普遍控制在5%以下。

（二）需低溫保鮮

為保證農產品的品質，水果、蔬菜等新鮮農產品儲存、運輸過程中需要低溫冷藏保鮮，畜禽肉品則需要冷藏或冷凍保鮮。目前，中國水果、蔬菜總量中只有10%至20%利用了低溫物流，品種也僅限於一些經濟效益比較高的水果，而發達國家水果、蔬菜採用低溫物流的比例一般在80%左右。

（三）物流成本高

相對於工業產品，農產品物流損耗大、需低溫保鮮等的特點，顯著增加了物流成本。

一些農產品本身價值相對較低，直接推動物流成本比例過高，以致商品通過物流交收缺乏經濟性。

農產品本身的特點給電子商務扶貧工作造成了較大的難度，電子商務扶貧工作要想持續健康的開展，就必須趨利避害，努力提高農產品加工、物流等技術，促進農村地區經濟的發展。

二、思想認識方面

電子商務雖然在全球範圍內開展得如火如荼，並日益影響到企業的營運與公眾的消費，但對於廣大農村地區來說，還是存在部分地方政府、農產品相關企業、農合組織及種植戶對電子商務的認識比較欠缺、電子商務意識不到位的現象。農村勞動力文化程度偏低，不利於新知識、新技術的接受和學習，導致農村勞動力對電腦和互聯網的學習、使用比率較低。

（一）電子商務意識不強

由於受傳統農業生產方式的影響，再加上農民的文化水平低下，農民仍保持傳統的「眼看」「手摸」「耳聽」「口嘗」的交易習慣，認為電子商務虛無縹緲，可信度值得懷疑。雖有研究人員對江蘇省某鎮農戶進行抽樣調查發現，約60%的農戶沒有聽說過農產品網路行銷，知道但不瞭解的占30%，只有10%的農戶瞭解，而這10%的農戶中僅有兩成參與了在線行銷活動。多數相關人員都只是以本地市場為參照，習慣於依賴傳統的農產品生產和銷售方式，對新興的信息網路不瞭解，沒有把農產品經濟發展放到全國甚至全球市場的整體環境中去認識，缺乏對電子商務需求作深入認識的動力。因此，農民對電子商務的運用意識並不強烈。近年來，雖然各地區都相應地建立了農村電子商務服務點，並開通了寬帶，配上了電腦，但是不少農民由於不懂得如何使用網路，在對農村電子商務的認識上存在局限性和習慣性偏差，對農村電子商務的概念和內容模糊不清，從而缺乏對農村電子商務建設的主觀能動性。在貧困地區，有的人認為電子商務與他們的生活和工作距離還很遠；有的人雖然知道電子商務是怎麼一回事，但不知道如何去實施；有的人還沒有從傳統的經營觀念上轉變過來，對電子商務的理解，僅僅停留在很膚淺的層次上，認為電子商務只是將信息放上網路。

（二）貧困群眾參與的積極性不夠高，參與程度比較低

雖然電子商務扶貧屬於參與式扶貧，但不可避免地會出現和其他扶貧工作一樣的問題。如在實施過程中是一種自上而下、單向的政府行為，貧困人口的參與只是被動地投工投勞和自籌資金，主觀能動性和發展決策權沒有得到足夠的重視和挖掘。這種狀況會造成以下一些問題：一是扶貧項目在實施和管理中缺乏有效的群眾監督；二是由於貧困群眾對政府組織實施的項目責任感不強，因此缺乏對這些項目進行後續管理和維護的積極性，造成了扶貧行為的短期性和扶貧資源的浪費；三是扶貧項目的設計脫離了貧困農戶的實際需求，影響了扶貧的效果，同樣也造成了扶貧資源的浪費。導致這種狀況的原因：一是政府部門對扶貧項目的設計、實施和管理習慣於包辦代替，排斥群眾參與；二是政府長期的包辦代替，造成群眾等、靠、要的依賴思想嚴重；三是當前農村大部分勞動力外出務工，留守家裡的基本是婦女、老人和孩子，由於勞動力不足，很難組織群眾參與。電子商務扶貧工作

如果不積極做好宣傳工作，促使群眾參與，就沒有扶貧的效果，就不符合項目開展的初衷。

三、基礎設施方面

由於中國農村基礎設施建設仍比較落後，農民受教育水平偏低，農村開展電子商務面臨著信息流和實物流兩大主要難題，發達地區蓬勃發展的互聯網購物難以在農村市場行得通。儘管國家鼓勵發展農村基礎設施建設，但在較長一段時間內，中國農村的基礎設施無論在數量、規模還是質量等方面，都遠落後於其他發達國家。同時，中國農村經濟的發展也是不平衡的。在滿足農村市場發展的基礎設施建設方面，主要存在以下問題：

（一）道路狀況差

中國農村公路總體上仍處於以通為主的初級發展階段，尚難以完全適應農村社會經濟發展和農民提高物質文化生活水平的需要。農村公路通達深度不夠、路網密度不高、技術等級低、路況較差，通暢問題還未解決；地區間發展不均衡，東、中、西部地區之間的發展差距日益擴大。

農村交通是公路網中重要的組成部分，但是由於社會經濟發展條件的限制，很多農村地區離城市較遠，道路建設標準不統一，有些地區的道路狀況極其不好，這就大大延長甚至限制了物流的發展，不利於電子商務扶貧的開展。農產品從農村到城市，不僅環節多，而且空間距離遠，涉及倉儲、物流配送等種種問題，導致電子商務配送成本高，配送時間穩定性差。這樣對於消費者而言，電子商務便利、快捷的優勢會因此而喪失。

（二）物流發展滯後

電子商務扶貧工作的開展需要有良好的物流體系作為支撐。在一些發達國家或地區，電子商務發展得如火如荼，相應的物流覆蓋面也較為完善。但中國地域廣闊，很多農村地區沒有或只有很少的物流網點，很多快遞公司只覆蓋縣，這就大大限制了農產品的流通。隨著近幾年電子商務的發展，雖說有一些鄉鎮也開始出現一些物流遞送，但是價格高、速度慢，使顧客不滿。當顧客從其網站訂購商品後，由於缺乏完備的物流體系做保障，導致顧客遲遲收不到貨物。這樣便會對顧客的消費心理造成陰影，導致顧客對農村電子商務活動產生不認同或反感心理。其問題的實質即為網上交易與實體配送不能很好銜接，實體配送落後於網上交易的需求。中國的郵政系統在目前的整個物流系統中，派送範圍最廣，可以到達全國任何城鎮以及農村，但其費用高、速度慢的缺點無法為電子商務提供優質的物流服務。怎樣促進農村物流體系的完善，是電子商務扶貧工作必須要解決的問題。

（三）網路覆蓋面窄

中國互聯網路信息中心發布的《2013年中國農村互聯網調查報告》顯示，截至2013年12月，農村網民規模達到1.77億人，比2012年增加2,101萬人，增長率為13.5%，農村網民規模繼續擴大。截至2013年12月，中國農村互聯網普及率達到27.5%，繼續增長態勢，較2012年提升了近4個百分點，與城鎮62%的互聯網普及率的差距較2012年同期下降了近1個百分點，降至34.5%，城鄉互聯網普及率差距進一步縮小。農村網民已經成為中國互聯網的重要增長動力。這些數據充分地顯示出農村互聯網普及率逐年上升的趨勢，但是農村社會經濟發展較為落後，仍有很多地方沒通網路，網路信息知識不健全，很多地方僅僅只安裝了電腦，但網聯網使用率低下。

相比發達國家成熟的電子商務環境，中國在網路基礎建設方面還有差距。雖然近年來在「村村能上網」「鄉鄉有網站」「家電下鄉」等國家政策的扶持下，中國農村地區的信息網路有了較大的發展，中國農村互聯網基礎設施有了明顯改善，但城鄉之間、不同區域之間的「信息不平等」和「數字鴻溝」仍然十分明顯。目前部分農村地區網路使用的基礎條件還很差，網路使用的增長條件和空間不足。由於政府財力、物力有限，農業本身缺少投資積極性，即使有條件開展農業電子商務的地區，農業網站所占比例也極小。而偏遠的山村地區網路通信設施建設不完善，尤其作為農村的最基層單元——村更是網路覆蓋建設的薄弱地帶，建設投入不足，導致了相關的電子商務平臺建設也是滯後的，網路基礎設施建設與電子商務發展的要求相差較遠。網上銀行服務業同樣落後，農村信用合作社普遍沒有開通網銀支付業務，無法實現網上交易。這些硬件條件的缺失將直接影響農業電子商務的發展，也大大制約了電子商務扶貧工作的開展。

完備、高效的通信設施是電子商務迅速發展的前提，中國農村貧困地區網路通信設施的現狀及網路技術、網路信息內容、資費水平、通信速度、安全和保障條件等方面都難以適應電子商務高速發展的要求。另外，原有的基礎工作也比較薄弱，大型數據庫的建立也是近幾年才比較正規。儘管各個單位都有數據庫，但真正可以投入運行的並不多。即使為數不多的數據庫，農業科技人員和農民要使用它們，也是困難重重。要想實現真正即時的網上交易，要求網路有非常快的回應速度和高速的帶寬。而中國由於經濟實力和技術方面的原因等，網路的基礎設施建設還比較緩慢和滯後，已建成的網路的質量離電子商務的要求相距甚遠。另外，上網用戶少、網路利用率低，致使網路資源大量閒置和浪費，投資效益低，嚴重制約著網路的進一步發展；同時，與銀行、稅務等十幾個部門的聯網尚未實現。因此，如何加大基礎設施建設的力度，提高投資效益，改變網路通信方面的落後面貌，應是促進電子商務應用普及的首要問題。

總之，一個完善的電子商務的開展需要有強大的信息流和實物流。對於電子商務而言，互聯網是支撐其發展的最有力平臺，它最主要的作用是利用各種計算機技術，促進買賣雙方的信息交換。而農村電子商務面臨著互聯網利用率低的困境，導致貿易活動的信息流流通不暢：一方面，中國地域遼闊，全國有2,861個縣、40,000多個鄉鎮，農村分佈廣闊，居住地點零散，不利於顧客比較、挑選自己需要的產品。另一方面，受制於相對落後的交通運輸基礎建設，農村的物流成本一直居高不下，使得大多數民營物流企業和較小型的地方性物流企業難以將業務觸角擴展到農村，從而「買難」和「賣難」問題仍然突出。受到物流難題的影響，農村小店的貨品更新速度較慢，價格也沒有優勢。電子購物雖然擁有價格優勢，但仍面臨著物流渠道較落後、產品難以送達顧客手中等發展瓶頸。

綜合地看，買賣雙方信息交換的困難阻礙了商品交易的達成，即信息流難題導致商流不暢；產品配送至農村的困難令廠商成本加劇，從而不得不減少或放棄對農村市場的產品提供，即實物流難題制約了商流的流通；而沒有商流與物流，資金流也無從談起，因此，電子商務扶貧的巨大潛力難以得到有效開發。

四、資金方面

任何扶貧工作的開展都離不開資金的推動，有了資金保證，電子商務扶貧工作才能順

利進行。但是電子商務扶貧是最近幾年才提出來的，雖說已有地方在實施，但畢竟還是一項新事物。很多人對這種扶貧方式瞭解不多或持有懷疑態度，在扶貧體系中受支持的力度不大，因此電子商務扶貧資金不足。資金的短缺嚴重制約了電子商務扶貧工作的順利開展，主要表現在以下幾個方面：

（一）扶貧資金投入不足

2013年中央財政專項扶貧投入繼續大幅增加，達到394億元，截至2013年年底，中國尚有8,249萬貧困人口，其中貧困發生率超過20%的有西藏、甘肅、貴州、新疆、雲南和青海6個少數民族比例較高的省。扶貧財政投入有限，顯然難以讓中國眾多的貧困人口尤其是極端貧困人口擺脫貧困。區域、城鄉發展不平衡的問題還相當突出，制約貧困地區發展的深層次矛盾依然存在。目前中國剩餘農村貧困人口主要分佈於自然條件惡劣、基礎設施殘缺、增收產業薄弱、文化習俗落後的區域，貧困人口分佈更加分散，導致扶貧難度隨之增加。可見，現階段中國的貧困問題仍然嚴重，嚴峻的貧困形勢不僅要求政府加大扶貧投入，也要求社會扶貧加大投入力度，進一步增強社會扶貧在扶貧開發中的成效。總的扶貧資金就已經很有限，加之電子商務扶貧是一項新事物，其在扶貧體系中的支持力度不夠強，這也加大了電子商務扶貧的難度。

農村地區的基礎設施落後，發展電子商務需要投入大量人力、物力、財力進行電子商務方面的宣傳培訓。資金太少，村幹部工作就不好開展，農民參與的積極性就會大大受挫。這樣就無法保證扶貧項目持續健康的實施，使扶貧工作後勁不足，當然也就無法實現電子商務扶貧的目標，並嚴重影響基層穩定。像大多數扶貧工作一樣，開展電子商務扶貧是一個長期的投資項目，必須進行大量的基礎投入，需要大量的資金，並且在短時間內無法取得收益，這是貧困地區能否系統進行電子商務建設的關鍵所在。

（二）資金撥付不及時

像其他扶貧項目的實施一樣，開展電子商務扶貧需要強大的資金支持，但是扶貧資金長時間滯留在財政部門未投入使用，影響了當地扶貧開發的進程和項目效益的發揮。造成資金撥付不及時的原因有幾個，主要是：扶貧項目計劃申請批覆不及時，導致資金下撥較晚；項目前期準備不足或設計欠妥，或者配套資金不到位，項目難以實施，不能撥付資金；項目驗收工作量較大，難以按時完成驗收工作，影響資金撥付等；資金撥付不及時，造成農民參與性、積極性大大受挫，不利於電子商務扶貧體系的健康運行，影響扶貧項目的實施。

（三）扶貧資金使用效率低下

主要用於農村扶貧方面的資金還遠遠不能解決貧困地區農民的基本生活問題，對於電子商務上面的資金扶持就更談不上了。電子商務扶貧的目標是促進農產品銷售，促使農民增收，壯大農村經濟。在實際工作的開展中，需要避免出現農村中的富人由於資金、物質等優勢而擠壓資源優勢少的窮人的現象。電子商務扶貧，重點是在促進農民增收的基礎上扶持貧困，不是為了讓富人更富，窮人更窮。這就需要項目實施者在實際工作中注意瞭解當地的實際情況，分配好資源，妥善使用扶貧資金。

扶貧資金在下撥的過程中需要層層審核，手續繁雜，這延緩了資金下撥的速度，降低了扶貧資金的使用效率。除此之外，扶貧資金在審核的同時被截留挪用嚴重。扶貧資金的

「沙漏」，使實際投入難以到位，導致貧困資金使用效率低下。

(四) 農民貸款困難

在廣大貧困地區，收入來源主要是務農所得，除去基本的生活開支外，很少有結餘，使得很少有資金投入電子商務中，這嚴重制約了當地發展電子商務。農村建設資金需求中的大部由由金融機構提供，目前主要靠農村信用社等單一服務體系難以承擔這樣的重任。這就要求金融服務品種更加豐富、服務手段更加多樣、服務方式更加便捷。但現有的農村金融服務供給嚴重不足，短期內難以適應農村金融的多樣化需求。

電子商務農村金融網點少且分佈不平衡，農民貸款困難。儘管中國每個縣的金融網點平均已達50個，但30％以上在縣城城區。全國有8,200多個鄉鎮只設有一家金融機構的營業網點，3,300多個鄉鎮是金融機構營業網點的盲區。從人均水平看，縣及縣以下農村地區平均每萬人擁有的機構網點只有1.26個，鄉村金融機構網點不及城市的一半。近年來，中國城鄉間人均貸款水平的差距不僅未見縮小，還有擴大之勢。調查表明，在利潤和風險控制目標的導向下，甚至包括農村信用社在內的商業銀行貸款，也呈現出向城市及大型鄉鎮企業流動的傾向。

總之，資金問題是制約電子商務扶貧工作的重大問題，各級政府需要做好一系列工作來促進扶貧工作的開展，如優化電子商務扶貧環境，鼓勵金融機構對農民簡化貸款條件等來促進電子商務扶貧工作的順利進行。

五、技術方面

電子商務的開展離不開技術的支撐。技術上缺乏電子商務的統一標準和服務體系、電子商務交易存在安全隱患等問題都制約著電子商務的健康發展。在技術方面，主要有以下制約性因素：

(一) 農產品標準化程度低

電子商務對交易對象的品質分級標準化、包裝規格化以及產品編碼化有很高的要求。農業電子商務交易的主要對象是農產品。然而中國目前農產品標準陳舊，農產品質量安全方面的指標低且不完整，尤其是對於鮮活農產品的質量評價沒有一個統一的標準，更沒有實現與國際標準接軌。由於農產品的生產不僅受到自身基因的影響，也受到諸多外部環境因素如氣候、地理條件等的影響，由於其生產過程的不可控因素太多，加上農產品種類繁多，品質評價存在較強的主觀因素，無論從外型尺寸還是內在的品質來說，農產品都很難統一，以至於大多數農產品難以實現標準化生產。農村還無法實現農產品的標準化，因此阻礙了農業電子商務的發展。隨著經濟的發展，人們消費水平的提高，農產品已經進入了靠品質、品牌競爭的階段。但是，農產品的行業認證細則不夠清晰，不具權威性，無公害農產品產地認定和產品認證體系不夠健全，民眾的認可度也較低，農產品缺乏品牌，所以目前農產品交易中以次充好、魚目混珠等現象層出不窮。

農產品的標準化是實現產品信息化的必要條件，在電子商務交易中，買賣雙方通過網路完成商貿洽談的前提條件是提供的信息必須真實可靠。電子商務平臺向用戶展示的是一個統一的、標準化的商品信息，但中國農業生產仍然是一家一戶的生產經營模式，農民的組織程度分散，使得農產品的品牌、包裝、質量控制、行銷等都很難以一致的口徑在電子

商務平臺上實現,這種狀況與電子商務所要求的產品標準化還有很大的差距。

(二)物流現代化技術不足

農村物流體系不健全,農產品物流的專業化程度較低,農產品物流成本居高不下,農產品配送體系尚未建立,這些都制約了農業電子商務的發展。中國物流業剛起步,物流服務範圍僅限於縣城區域,絕大部分鄉、村缺少物流體系支持,而且傳統的快遞公司由於缺乏一定的技術手段,很難直接承擔農產品的運輸任務,而行業內部擁有較為專業的運輸技術手段,比如說擁有集裝箱、專用倉庫、特種倉庫(低溫庫、冷藏庫、立體倉庫等)等主要專業保鮮技術的冷鏈物流企業,由於相應配送網點較少,而農戶地理位置分散,單戶運輸量較小,很難及時有效地進行貨物運送,極大地限制了電子商務扶貧活動中農產品的配送。

(三)網站管理技術不夠高

無論採取哪種電子商務模式,都需要借助於一定的平臺才能實現。雖然目前涉農電子商務網站發展比較迅速,自營農產品平臺也加速建設,第三方農業電子商務平臺日益增多,但總體來說,除了幾個比較有影響力的國家級的農業網站外,現有大多數農業電子商務網站功能單一,網站設計不夠精細和規範,從形式到內容都有很多雷同之處,缺少專業水準和特色,更新週期長,且農業政策解讀、信息預測等應該配套的具有分析導向功能的內容不夠豐富,真正適用於農民的信息較少,分析與決策參考類的信息就更少了。但國家級的網站基本上很少宣傳地市級的農產品,大多都是決策性信息,電子商務本來應該起到的作用沒有發揮出來。多數網站信息以宣傳本地農業為主,通常僅限於廣大農民和相關企業進行在線瀏覽,並不能保證發布新信息的可信度,搜索引擎不理想,相當一部分網站以信息撮合功能為主,缺乏網上訂單交易功能,洽談交易等環節還需要在線下進行,支付等功能很不完善,沒有充分發揮農業電子商務網站的主要功效。

(四)電子商務交易存在安全隱患

安全問題是企業應用電子商務最擔心的問題,而如何保障電子商務活動的安全性,一直是電子商務的核心研究領域。作為一個安全的電子商務系統,首先必須具有一個安全、可靠的通信網路,以保證交易信息安全、迅速地傳遞;其次必須保證數據庫服務器絕對安全,防止黑客闖入網路盜取信息。

在大部分農村中,電子商務應用屬於新興產業,人們接受起來有一定的難度,農民更願意選擇一手交錢一手交貨的傳統交易模式;此外,一些網上詐騙的案例使他們產生畏懼心理。現代電子商務主要通過網路實現,而網路經常會受到各種病毒、木馬程序的攻擊,加上農村網路硬件、軟件設備的落後以及缺乏安全技術支持,從而給不法分子提供了可乘之機。目前,中國電子支付手段尚不成熟,信用機制和約束機制也正在探索階段,這給農民網上從事經貿活動帶來很大的風險。主要表現為四方面工作不到位:一是用戶管理維護,即每天對網站的信息進行維護;二是對網站的安全進行維護,對網站數據進行定期病毒檢測;三是數據備份,網站數據根據重要程度依次定期進行備份,避免因網站被攻擊或癱瘓造成數據損失;四是網站軟件、硬件定期檢測維護,確保網站24小時不間斷運行。

六、人才方面

任何工作都是由人來完成的,人員的質量和數量決定了工作開展的順利程度。電子商

務是一個涉及多部門、多領域的系統性工程，一支質量高、結構合理、優秀的電子商務人才隊伍是電子商務發展的基礎。但是在電子商務扶貧過程中，在人才方面仍然有很多制約因素。它主要表現為以下幾個方面：

(一) 電子商務服務人員較少

目前，中國農業信息收集、分析人員嚴重不足，大量的信息資源無法得到有效開發，並且基層農村貧困地區電子商務服務人員整體素質不高，對計算機網路等現代信息技術的把握能力不強，甚至在部分地區，不僅人才缺乏，還出現人才嚴重流失的現象。貧困地區的農民文化素質較低，對新技術、新信息反應遲鈍，對電子商務沒有足夠的信心，而懂得電子商務技術的人才很少願意到農村地區服務，使電子商務應用人才嚴重缺乏。所以，電子商務服務人員的缺乏或不足，直接影響了電子商務扶貧工作的順利進行。

(二) 電子商務推廣人員不足

要想將農業電子商務推廣開來，不僅需要精通計算機技術和網路應用技術的專業電子商務人才，而且需要掌握一定的農業知識、瞭解農產品市場信息和消費者需求、能夠分析農業市場行情的相關人才，還需要能使用網路行銷理念對網站進行推廣、宣傳的人才。但中國目前從事農業生產的農民整體素質和文化水平都還偏低，對新知識、新技術反應比較遲鈍，缺乏信息意識，缺乏相應的網路行銷技術，很多農民上網時需要別人幫忙操作。中國農業大學課題組曾經對14個省的農戶展開問卷調查，結果表明，從事農業生產以及相關工作的勞動者文化程度普遍偏低，基本不具備從事電子商務的相關知識和技能。另外，提升農民信息化能力和電子商務素質的相關勞動培訓較少，相關培訓和研討僅僅停留在概念層面，具體的技能培訓非常缺乏，勞動培訓部門也沒有配套的資源。人才上的制約，導致對網路行銷相關配套工作的認識不足，如臨時找個編織袋或包裝盒就把東西捎運出去，不注重培育網上攤位的知名度和信譽度等。

(三) 物流從業人員專業化水平不夠

目前，中國物流業正處於傳統物流業向現代物流業的轉變過程中，不同服務方式的物流企業逐步成長壯大。電子商務的發展速度遠超物流業的建設速度，許多物流公司的業務量幾乎都處於飽和狀態，同時由於中國物流業進入門檻低，導致「小散亂」的服務業態並沒有得到根本上的改變，專業化程度較低、信息化水平不高、內部管理系統混亂無序、物流服務質量相對低下、從業人員素質良莠不齊等因素導致現今的物流企業無法滿足工商企業多樣化的物流需求，同時也影響著物流企業專業化物流服務能力的提升與規模化發展。提高電子商務物流人員的素質，加強業務能力培訓，對於電子商務扶貧工作極為重要。

七、組織方面

電子商務扶貧工作的開展，離不開良好的投資環境，這就需要各方組織的合作，共同創造電子商務扶貧工作的積極氛圍。這裡的組織包括政府組織、仲介組織（比如中間商、經銷商）以及合作社。但在實際工作中，這幾個組織也存在一定的制約因素。

(一) 政府方面

電子商務扶貧工作的開展離不開政府的帶頭作用，但是從實際來看，政府在資金投入、信貸支持、優化投資環境、農業信息化建設以及農民電子商務培訓等方面的主導作用發揮

得不夠。

政府在電子商務扶貧工作的開展中，主要有以下工作不到位：

1. 農業信息化建設的主導作用不夠

從國外的經驗來看，農業是受國家保護的弱質產業，政府在信息化建設上發揮的主導作用，主要是制定規劃和政策、加強立法、增加投資。但從國內情況看，國家在這幾方面的作用發揮得不夠，在一定程度上影響了農業信息化建設。儘管農業部農業信息網已開始運行，且內容日益豐富，部分省級農業信息網路建設已開始起步，但地市級及縣級則較為落後，大多數農業信息網只是簡單地給用戶提供一些信息，要達到網上交易的目的還有很長的路要走。

2. 規劃做得不到位或脫離實際

電子商務扶貧工作的開展不是一蹴而就的，需要在調查研究的基礎上，按照各村的實際情況，因地制宜地做好規劃，做好風險預測，根據各地農業資源、地理位置、交通狀況以及農民受教育程度的不同適當地開展電子商務扶貧工作。但是在實際工作中，存在模式的單一性。貧困地區範圍較廣，人數較多，但是由於各種原因實際扶貧工作不能深入農村，而是通過各地區派代表參加電子商務培訓。這就造成經常會通過一種模式來培訓各個地區的一小部分人的情況。但是這一小部分人能不能代表廣大貧困群眾的需求呢？這是值得深思的。

3. 電子商務扶貧對象瞄準度不高

電子商務扶貧對象需要有一定的知識文化水平，這樣才可以很好地開展電子商務培訓方面的工作。在實際工作中，扶貧對象偏向於年輕的、受過一定程度教育的人，這就有點類似於幫助年輕人創業的形式。但是數據顯示，很多農村貧困人群普遍受教育程度不高，文化層次較低，根本不適合開展電子商務培訓。這樣就造成非貧困人群占用本該切實用於扶貧的資金，達不到扶貧的目的。電子商務扶貧對象瞄準度不高，不僅造成了大量扶貧資金的浪費，還延緩了真正需要幫扶的貧困人口脫貧致富的步伐。非貧困農戶排擠貧困農戶，占用了稀缺的扶貧資源。目標瞄準的偏離，主要是因為絕大多數到戶項目都需要農戶自己配套一部分資金，項目參與的門檻過高使絕對貧困人口通常被排擠在外。這就會造成發展中出現的新問題——貧困村中收入差距在不斷擴大，這與電子商務扶貧的宗旨是相悖的。這是因為相對富裕的農民更有機會利用這些機會發展經濟。

（二）仲介組織

農村地域廣闊，農民分佈較分散，且大部分農民文化素質水平不高，對電子商務瞭解不多，這就需要仲介組織（即經銷商或中間商）的積極參與。發展農村電子商務，進行電子商務扶貧工作，探索農業的產業化經營，實現農業和農民的增產增收，是中國農業發展的必由之路。而農村合作組織和仲介組織將小農戶與大市場緊密連接起來，在農業生產和銷售過程中發揮的重要作用不容忽視。農村仲介組織是市場經濟和社會分工發展到一定程度的產物，是連接農戶和政府、企業和市場，將農戶引入市場的橋樑和紐帶，為農戶走向市場提供各種服務。農村仲介組織在促進農村市場化、一體化和國際化方面發揮著重要作用，是社會主義新農村建設的重要環節。電子商務扶貧工作的開展離不開仲介組織的作用。

中國農產品仲介組織主要有三類：一是服務型仲介組織，為農產品提供技術指導、信息諮詢、生產經營和金融支持等；二是銷售型仲介組織，是連接農產品生產與銷售的環節，

包括批發商、經銷商、合作社等；三是綜合型仲介組織，為農產品提供生產、加工、銷售等一條龍的整體營運服務。

現階段中國雖然已初步建立起服務於農產品的仲介組織框架，但仲介組織在提供服務的水平和能力上還存在很多不足，尚不能很好地滿足農牧業產業化和現代化發展對仲介組織的需求。在電子商務扶貧中，仲介組織尚有很多工作不到位。

目前，我區農產品仲介組織進入門檻較低，大多只進行工商登記註冊便可以開展相關活動，雖然在農產品生產和銷售過程中的作用不可忽視，但其營運過程中還存在很多不規範的行為，並不利於農業產業化和現代化的發展。仲介組織需要在市場化的環境中優勝劣汰，因此，提高農產品仲介組織的科學管理水平，規範農產品仲介組織的服務水平，引導仲介組織向更高層次的發展是極其必要的。農業生產由於自身的特殊性，對於市場信息的需求更迫切，依賴性更強。因此，市場經濟條件下，農業生產需要以下幾類市場信息：市場環境信息、市場需求信息、產品供給信息、市場價格信息、行銷渠道信息、促銷手段信息等。這就需要仲介組織提高科學化管理水平，充分發揮自身作用。這樣農村電子商務才能更好地開展。

（三）合作社

目前，中國農產品供應鏈的合作仍處於滯後階段，農產品的生產者大多是分散的、小規模的，缺乏綜合實力強的、大的供應商。專業合作社的發展還處於起步階段，各地形成的多是地方性的合作社，實力較弱，帶動農戶能力和輻射能力不強。合作社在農村電子商務發展方面主要存在以下幾個方面的制約因素：

1. 扶持力度不夠，組織運作困難

大部分合作社由於資金困難、缺乏管理，造成發展乏力、信貸支持不夠、營運中資金成為瓶頸，嚴重制約了全縣農民專業合作社的平穩營運，影響了農業產業化、規模化、專業化的發展，不利於農村電子商務的開展。

2. 技術人才匱乏，成員素質不高

農村地區外出就業人員較多，常年留守人員以中老年為主，存在著勞動力缺乏、文化水平低、思想觀念落後、不易接受新事物的現象，多數人尚未達到「懂技術、善經營、會管理、受尊敬、愛奉獻」的素質要求，合作社技術骨幹十分缺乏；同時，社員合作意識差，市場行情好時，單方面撕毀合同，自行銷售農產品。電子商務對人員素質有一定的要求，誠信的品質尤其重要，這樣很不利於農村電子商務持續健康的發展。

3. 科技支撐乏力，品牌建設滯後

合作社基本上處於初級的農產品生產階段，產品科技含量低，品質不高，市場競爭力弱，規模化、基地化、專業化程度較低，對新品種、新技術引進得較少，缺乏對認證認定無公害基地、無公害農產品、綠色食品、有機食品及地方名牌的認識和行動。合作社對產品宣傳、包裝重視程度不夠，造成產品層次低，缺乏市場競爭力，農副產品以初級、中級加工為主，進而形成效益低、發展緩慢、資金不足的惡性循環。這樣在市場競爭中就會處於不利地位。要想加大農村產品的競爭力，就應該提高科技支撐水平，打造品牌。

農村電子商務的開展離不開合作社的作用，合作社自身的問題不解決也很難較好地促進農村電子商務的開展。不管是扶持的問題、人才的問題還是科技的問題，歸根究柢是資

金投入不足的問題。要想促進合作社健康良好的運行，就必須加大對合作社的投入。這也需要政府起到帶頭作用，鼓勵金融組織對農村地區貸款。總之，電子商務扶貧涉及行業較多，範圍較廣，只有各方都大力支持，才能從真正意義上達到電子商務扶貧的目的。

八、制度制約

解決「三農」問題是中國農村建設的頭等大事，黨和政府也出抬了很多的指導意見和政策制度，從宏觀上為「三農」問題的解決提供了制度保障。但就農業電子商務扶貧發展的實際情況來看，現有的制度還是存在導向性和操作性不足的問題。例如，目前中國農產品流通政策和機制不健全，農產品流通途徑較不規範，經常出現監管空白，無法發揮農業電子商務在國際貿易中的優勢。又如，目前各級政府對於農業電子商務企業的推動，還停留在對電子商務示範企業的推動上，處於支持「點」的發展，對「面」的發展關注不夠。另外，對於農業電子商務營運中的風險和安全問題，也還沒有從法律制度上給以高度重視。

目前，中國電子商務物流缺乏相應的管理法規，法治環境有待建立。在社會經濟活動中，不可避免會出現各種經濟糾紛，此時，就需要相關的立法機關出抬法律法規予以規範，使得各領域的經濟活動能有序進行，形成健康良好的經濟發展的法治環境和氛圍。現代物流企業跨區域開展物流業務時常常受地方保護主義困擾，發生經濟糾紛時，有關的金融法規及行業標準對當事人之間的經濟責任劃分難以確認。因而若在物流發展領域產生糾紛衝突，則缺乏相應的法律法規及時地進行管理和調整，不利於電子商務物流管理的發展，從根本上而言不利於電子商務的市場發展。

中國電子商務在發展中還存在不少問題，主要表現在以下幾個方面：一是發展環境不完善，法律法規建設相對滯後；二是電子商務中各種體系不夠完善，如服務統計監測體系、信用體系、監管體系等有待建立。同時，在電子商務發展過程中，網路購物時，侵犯知識產權、制售假冒偽劣產品等違法現象以及網路交易糾紛處理困難等問題經常存在。此外，電子商務的地區發展極為不平衡，農村、中小企業、傳統流通企業電子商務應用需要國家政策支持和扶持引導。

扶貧開發需要電子商務。「授人以魚」不如「授人以漁」，教會廣大農村貧困人群開展電子商務的技巧，何嘗不是傳授一種生存技巧，況且電子商務扶貧是與各界夥伴跨界合作，共同「營造漁場」。這樣來看，其價值不是一朝一夕就能顯示出來的。

電子商務扶貧工作的開展，為提高農民自身素質、繁榮農村經濟提供了良好的發展機遇。大力發展電子商務扶貧開發項目，從而使一部分貧困人口能夠通過項目平臺，「從就業到創業、創業帶動就業」擺脫貧困，通過社會化的力量來援助貧困階層，大力宣傳扶貧開發政策，引導更多的社會人士積極參與扶貧開發工作，為中國偏遠、貧困地區免費培訓電子商務人才，針對貧困地區的特色農產品及資源提供網上免費交易平臺，推動地區經濟的發展。在這個過程中，電子商務扶貧發展的制約因素隨時存在，只要我們客觀地分析原因，找出解決的辦法是不難實現的。隨著網路經濟的發展，越來越多的人參與電子商務活動，有關電子商務的法律法規也會在電子商務扶貧工作的開展中逐步完善。相信通過一定時期的建設和發展，制約電子商務扶貧的因素將越來越少，電子商務扶貧工作一定會走上健康發展的快車道。這一定會促進農業增產、農民增收和農村全面進步，推動新農村建設。

第二節　電子商務扶貧的對策

雖然電子商務扶貧是一個新興的產業，具有很大的發展空間，但電子商務扶貧不等於信息扶貧。電子商務扶貧能否做「真扶貧，扶真貧」，基本的評判標準是電子商務信息網路作用得到凸顯，讓農民信任和支持電子商務扶貧，農產品的銷售難題得到解決，農村小生產和大市場的矛盾得到解決，農民能夠增收。

一、中國農村電子商務扶貧的基本思路及目標

中國農村電子商務扶貧的基本思路及目標是從農民的需求出發，從農村的實際情況出發，依靠電子商務信息，搭建網路行銷平臺，實現網上購物、網上支付。通過培訓農民上網開店、網上展示農產品、網上銷售特色農產品，幫助農民拓寬農產品銷售渠道，找準農產品市場，與物流公司和加工企業、品牌製造商等合作，採用「農戶+網路+公司」的營運模式，使農產品品牌化、規模化、標準化、網路化、市場化、現代化和流通化，解決農產品銷售難的問題，讓農產品走上國內、國際市場，使農民增收，從而提高農民生活水平。

二、中國農村電子商務扶貧的對策

電子商務扶貧既可用於一個地區、一個行業、一項產品，又可同時用於或輻射到多個地區、多個行業、多項產品，是行業扶貧、產業扶貧和社會扶貧。因此，各省要將電子商務應用於農村扶貧體系中就要結合各省自己的實際情況，根據農戶的需求和消費者的市場需求，考慮農村的電子商務扶貧的困難和特殊性，利用互聯網和信息技術帶來的機遇，借鑑國內其他省份電子商務扶貧的成功案例，吸取其經驗教訓，針對省內農村電子商務扶貧存在的問題，整合政府、企業、農民、消費者等各項資源，共同推動整個農村貧困地區的產業實現突破，走上電子商務化的道路。各省通過政策支持、教育培訓、資源投入、市場對接、提供服務等形式，搭建農村農產品電子商務交易平臺，構建面向農產品電子商務的產業鏈，幫助和吸引貧困農戶參與進來，實現完全或不完全就業，完成貧困農村的農戶直接以農產品電子商務交易實現增收。提出的對策和建議主要有以下五個方面：

（一）加強政府扶持

1. 強化政府的宏觀調控，結合農村的實際情況，考慮農民的實際需求

首先，政府積極舉辦和參與有關電子商務扶貧的論壇，通過電話網、廣播網、電視網、媒體網等搭建多種形式的信息服務平臺，宣傳電子商務扶貧對經濟發展所起的作用，為農民提供諮詢服務，提高農民的信息獲取、接收和利用能力。其次，政府應完善與電子商務相關的法律法規，建立一個良好的電子商務扶貧環境和氛圍，規範電子商務網站信息的採集、上傳等工作，增加網站的實用性、時效性，設計出農民會操作、簡單且便捷的網路程序，調動農民對農產品電子商務的興趣。最後，政府應制定鼓勵社會各界投資農村電子商務網站的政策，鼓勵更多的涉農企業及仲介組織參與和使用電子商務網站，並努力爭取國家更多的資金支持，讓農民消除上網費用貴、上網難等焦慮，大力發展特色產業、特色農

產品，形成一個具有特色、有品質、有品牌的農產品網路體系。

2. 加強電子商務仲介體系建設，建立健全安全電子交易體系

第一，政府應大力扶持郵政、交通運輸、銀行等部門，完善全程全網的第三方物流服務體系和各類支付工具，解決農村交通不便、物流進村難等問題，讓農民不再擔憂「有貨無處送、貨物送不到、現金收不到」。第二，加強農產品標準化體系建設。由於農產品缺乏品牌、規模生產和標準化生產與服務，政府、企業應成立專門機構來監督農產品的生產、加工、流通環節，保證農產品的品質和數量，改善農村及涉農企業的電子商務的誠信狀況，為農產品樹立品牌形象，推動農村貧困地區電子商務的健康發展。第三，政府可以通過與相關電腦廠商合作，拿出專項補貼資金，為農民提供一批性價比高、具有品質保證的電腦網路設備，鼓勵和幫助農民上網，引導農民積極參與電子商務。第四，培養農村電子商務人才，提高農民信息素質，利用學校和其他教育培訓機構制定中長期的農村電子商務培訓計劃，教會農民使用計算機，從網上檢索到所需要的信息，進行網上銷售，以及電子化交易的方法和注意事項。第五，農民要積極回應和配合政府政策，轉變傳統的交易觀念，樹立信息惠農、富農思想，積極運用網路，參加網路技術培訓。

3. 積極創造開展電子商務扶貧的條件，推進農村經濟信息化

政府應完善管理體制、優化政策環境，加大對速度快、前景好、收益高的農產品行業的投入和支持力度，並以這些行業為龍頭，大力發展農村特色產業和特色農產品，建立農村特色農產品品牌。另外，政府要與相關部門協調合作，降低農民上網的管理維護費用，減免「三農」短信定制費用、信息費用，吸引更多農民參與農村電子商務；同時加大對特色農產品電子商務網站的建設力度，不僅在數量上發展，也要在質量上進一步提高，通過網路促進地方特色農業發展以及特色農產品的推廣，為農業發展、貧困農民增收奠定基礎。

企業加快市場改革，培育農村電子商務市場，建立有市場需求的、企業和居民可得益的電子商務環境，建立農產品冷鏈物流倉儲體系，加強與冷鏈物流設施相對完善的農業園區合作，重點發展鮮活農產品電子商務，企業可以依託貧困農村的主導產業和區域特色產業的發展培育特色農產品品牌，實現「小生產、大市場」的有效對接，破解農產品銷售難的問題，搭建農產品信息信用平臺，通過信息技術實行農產品交易，大力實施農產品品牌化和標準化戰略，積極引導企業入村開店，鼓勵發展農產品電子商務。

農民應加強電子商務知識的普及和應用，積極瞭解市場需求動態，回應政府政策。鄉鎮幹部應聚集農村知識分子，鼓勵、支持農村大學生回鄉創業，培養農村電子商務人才，積極爭取申請國家和政府的資金支持，引導大專院校的電子商務專業人才和涉農及管理銷售專業人才進入農村地區進行「技術扶貧」，為農村電子商務建設和農產品銷售提供人才支持和隊伍保障。

4. 積極開展電子商務扶貧試驗區，總結並推廣成功經驗

政府應該起帶頭示範作用，同時鼓勵企業開展電子商務試點和探索，對成功經驗要及時總結並積極推廣。依照地區的實際情況，政府可以首先確定某些行業作為電子商務扶貧的試驗區，或者將部分發展較為完善的電子商務公司作為試點單位。政府應鼓勵試驗區和試點單位的公司和其他投資商大力投資，發展和研究電子商務，對試驗區給以優惠政策。

（二）加大資金投入

要發展電子商務扶貧，必須完善電子商務的基礎設施，加大信息網路向鄉鎮延伸的

力度。

1. 完善網路基礎設施，實現網路資源的合理配置

為了實現電子商務在農村的普及、應用和發展，要進一步完善網路基礎設施的投資、營運與管理。優先保障網路基礎設施建設，使網路在農村的普及率得到進一步的提高，構建一個值得信賴並且能夠保證信息完整性和安全性的多層次的網路體系，提高上網速度，改善農村網民的網路環境。改變不同電信公司各自經營專有業務領域的做法，鼓勵社會力量參與以轉銷和分銷為主的虛擬電信營運，實現網路資源的合理配置。

2. 加大投入，夯實發展基礎，完善農村電子商務物流

針對貧困農村物流發展的現狀，應該明確管理部門，制定規範的物流產業發展政策，以政府為主導引導企業共同加大對物流的投資力度，加大對高速公路、航空、鐵路、信息網路等方面的投入，以保證交通流和信息流的暢通，為電子商務物流提供良好的社會環境。有一定條件的企業應該建立屬於自己的物流體系，同時引進和培養物流人才，滿足電子商務物流發展的需要。

3. 轉變消費觀念，加大教育投入以促進農村電子商務的發展

引導和培訓農民，加強農民電子商務意識，在貧困農村地區大力宣傳、普及計算機網路和電子商務知識，引導廣大消費者改變過去眼見為實的傳統購物方式和習慣，使網民在心理上接受電子商務。強化守法、誠信、自律觀念，通過多種方式，引導企業和消費者充分認識開展電子商務的重要意義，提高企業和農民的電子商務應用意識、信息安全意識，在全社會形成有利於電子商務發展的輿論氛圍。針對農村落後的教育現狀，政府和地方各界人士應該竭盡所能對教育給以資金和師資力量的支持，著力緩解和解決農村少數民族地區和邊遠山區教育資源嚴重匱乏的問題。

（三）強化組織建設

農村電子商務扶貧主要針對的是貧困農村地區的農產品。農產品是一種特殊的產品，因為其不易儲存，規模小，缺乏品牌競爭，缺乏標準化、包裝化、商標化銷售策略，缺乏市場等諸多問題，給銷售帶來了困難。因此農村電子商務要發展和生存，必須強化組織建設，合理配置多項資源，依託社會各方資源優勢，做到信息內容豐富、信息更新速度快、信息價值高、時效性強，創建「農戶+網路+公司」的合作模式，集中生產農產品和銷售農產品，保證農產品的數量和品質，積極宣傳和打造特色品牌農產品，與物流企業合作，為農村電子商務扶貧營造良好的環境。

電子商務扶貧的發展要以政府的理論政策為指導，以農民的積極回應和支持為基礎，以物流行業為紐帶，以企業信息化為依託，政府要為企業信息化做好組織工作，制定好發展規劃，重點抓好示範工程；企業必須更新企業經營管理理念；農村組織則應成立信息服務中心等，通過基於電子商務平臺的供應鏈和產業生態群帶動企業開展電子商務扶貧活動，推動農村進入電子商務領域，發展農產品電子商務，打造農產品特色品牌，完善農產品規模建設，實施農產品品牌化和標準化戰略，促進農村經濟發展，增加農民收入。

政府和信息主管部門要統一制定信息採集標準，並通過制定各種政策來規範信息的收集、發布、保密等管理工作，建立縣、鄉、村三級信息服務站，各級信息服務站要有一套信息採集網路隊伍、信息管理和服務制度，市、縣成立信息中心，各機關單位和鄉鎮設立

專職信息人員負責採集本單位的信息資源到信息中心發布；同時，依靠村組織幹部和農村經紀人，對貧困地區農產品供求信息及時予以發布和推廣，把市場需求的信息及時傳送到農民的手裡。政府或涉農企業應加快執行國家的有關農產品質量等級標準、重量等級標準、產品包裝規格和商標化等標準，以減少不必要的資源浪費，為實現農產品的電子交易奠定基礎。

（四）整合各項資源

隨著中國電子商務主流化趨勢日益凸顯，國家扶貧界理應將電子商務扶貧納入自己的政策體系，加大力度推進電子商務扶貧的實踐。按照「省級統籌、部門配合、縣鄉落實、州負總責、項目到村、扶持到戶」的要求，整合政府、企業、媒體等各項資源，全力推進電子商務扶貧攻堅，實施精準扶貧。

電子商務的發展和推動需要多方的參與、協作和配合。它的推進需要政策的指導、法律的約束和規範、技術的應用、人才的培養、資金的投入等。這就需要政府、企業、民間組織、消費者等積極參與和推動。政府給以政策引導和法律支持，企業積極參與和進行投資，民間組織進行宣傳和號召，消費者積極回應和支持，使各項資源得到充分合理的應用，各部門發揮最大的功效。

1. 轉變農業生產方式，提高農業生產規模

目前，中國農業生產方式還比較落後，還是以個體生產或者小部分承包為主，農民對農業信息的需求程度低，需求內容分散，難以形成規模效應，並且通過農村電子商務服務平臺所產生的社會效益和經濟效益低下，影響了社會各界參與其建設的積極性。因此，只有提高農業生產規模，改變農業生產方式，才能使農民提高對農村電子商務的需求程度，進而帶動農村電子商務的發展，最終實現農業的增產、增收。

2. 加大農業信息資源的整合力度，實現農業資源共享

由於各地區涉農部門隸屬於不同的上級主管部門，並且由於條塊分割現象的存在，農業信息資源的整合力度差，共享程度低，這樣不僅加大了農村電子商務工作人員的信息採集難度，還影響了農民對信息的全面接收。針對這一情況，政府部門必須做好引導工作，協調各部門、各主體之間加強合作，加深對農業信息資源的共享程度，從而降低信息收集成本，充實信息傳播內容，實現農村電子商務服務平臺的高效運行。

3. 完善農村電子商務服務體系，保證農村電子商務真實、有效

農村電子商務作為農業信息化發展的高級階段，其體系的完善程度，關係到現代農業的進程。首先，政府部門應提供相應的制度保障，吸引涉農企業、行業協會、科研機構、仲介組織參與農村電子商務的建設；其次，要充分發揮各電信營運主體的作用，加大合作力度，通過互聯網、廣播、電視、電話、報刊等媒體，拓寬農業信息的發布渠道；最後，必須制定相應的法律措施，保證農村電子商務信息的有效性和真實性。

4. 建立健全農村電子商務人才培養體系，提供農村電子商務人才儲備

建立健全農村電子商務人才隊伍是完善農村電子商務組織建設的重要內容。首先，必須加大對現有農村電子商務人員的培訓力度，讓他們在組織和管理農村電子商務建設的同時，進一步學習各種先進的農業信息技術、農業生產管理知識等，在農村電子商務具體實踐中起好帶頭作用；其次，加大和各高校的交流溝通，建立專家諮詢系統，為農民提供具

體指導；最後，建立激勵機制，鼓勵涉農專業大學畢業生和高級人才到基層農村為廣大農民提高農村電子商務運用提供指導，培養新一代農村電子商務建設的主力軍。

(五) 加快人才培養

人才是經濟時代最大的財富，是電子商務發展的核心。在電子商務活動中，每一個領域、每一個過程和環節都離不開人，不僅需要高新技術人員，而且還需要大量掌握現代信息技術和現代商貿理論與實務的複合型人才。農村電子商務扶貧不僅是購買計算機教會農民上網那麼簡單，還必須有懂得操作、維護農產品網路的專門人才，而貧困農村地區開展電子商務扶貧活動的主要障礙之一就是農民對計算機和網路知識的缺乏，因此要注重和加快人才培養，普及電子商務知識，讓更多的農民認識計算機、認識網路並學會如何操作和應用。

第一，政府應運用各種途徑和手段制訂致力於農村電子商務發展的專業技術人員的培養計劃，培養、引進並合理利用好懂行銷、經營、管理等的人才。

第二，企業應注重多渠道強化從事電子商務工作人員的繼續教育和在職培訓，不斷提高員工的素質，提高各行業不同層次人員對電子商務技術的運用能力，以適應電子商務環境下企業的經營管理和銷售。

第三，要切實抓好鄉鎮信息員和從事農村信息服務的人員計算機應用和技術培訓工作，加大對現在正在從事農村電子商務發展人員的培訓力度，讓他們在管理和組織農村電子商務建設的同時，進一步學習各種先進的農業信息技術、農業生產管理知識、農產品行銷理論等，在農村電子商務扶貧活動和具體實踐中起好帶頭作用。

第四，建立農村電子商務專家諮詢系統，加大和各大高校的溝通、交流和合作，為農民提供具體指導和服務。國家應鼓勵教育部門向學生普及網路知識，在一些大專院校經濟、貿易、計算機、農學等專業院校開設電子商務、信息管理、互聯網、市場行銷等課程，培養高素質的複合型人才，以適應社會和時代的需求。

第五，建立激勵機制和優惠政策，鼓勵農學專業、電子商務專業和市場行銷專業的大學生和高級人才到基層農村為廣大農民運用電子商務提供指導或回鄉創業，培養喜愛電子商務、有興趣創業、願意到農村服務和發展的大學生人才隊伍。

第八章　電子商務扶貧案例

第一節　東部地區電子商務扶貧案例

案例一：吉林通榆縣電子商務扶貧

一、電子商務扶貧背景

通榆縣隸屬吉林省，地處科爾沁草原東陲，總人口為36.4萬，面積為8,476平方千米。通榆縣是典型的國家級貧困縣，2014年，通榆縣農民人均純收入只有6,580元，遠遠低於全國農村常住居民人均可支配收入10,489元。通榆縣農業資源豐富：葵花最高年產量為12萬噸，是全國四大產區之一；蓖麻最高年產量為6萬噸，約占全國的六分之一；綠豆和打瓜子最高年產量分別為8萬噸和5萬噸；玉米最高年產量為50萬噸；高粱最高年產量為15萬噸；谷子最高年產量為5萬噸；雜糧最高年產量為1萬噸；芝麻最高年產量為1萬噸；蔬菜最高年產量為5萬噸；棉花最高年產量為1.5萬噸；辣椒最高年產量為5萬噸；甜玉米最高年產量為2萬噸。「通榆中國草原紅牛」是中國唯一擁有自主知識產權的新品種牛，目前全縣紅牛總量達2.7萬頭。全縣牛存欄13萬頭，羊存欄190萬只，每年可提供商品牛4.5萬頭，商品羊70萬只，各種皮張60萬張。人工馴養大雁15萬只以上。魚年平均產量300萬千克。針對農業資源豐富卻相對貧困的現狀，通榆縣政府積極利用互聯網平臺，開展電子商務扶貧工作，並取得了良好的效果。

二、電子商務扶貧措施

（一）政策扶持

政府加大對電子商務扶貧政策與資金的扶持力度，整合資源，借用互聯網，並積極探索與阿里巴巴等的合作之路，打造通榆經濟社會發展的新引擎，規劃建設電子商務產業園，做好電子商務扶貧工作。2013年，通榆縣決定通過電子商務實施「原產地直銷」計劃，與浙江杭州一家公司共同打造「三千禾土特產品旗艦店」，並由縣委書記和縣長「上陣」代言。進入「三千禾旗艦店」頁面，首頁下方一封「通榆縣致淘寶網民的公開信」十分醒目。信的落款處蓋有該縣公章，還有縣委書記孫洪君和縣長楊曉峰的簽名。2015年，針對10萬貧困人口的「電子商務扶貧」在吉林省通榆縣展開。通榆縣為有效促進電子商務與扶貧工作深度融合，採取面對面、點對點式的精準扶貧方式，引導貧困鄉村和群眾走上「村

淘」致富路，出抬快遞行業扶持政策。

（二）企業化經營

通榆縣採取企業化的電子商務扶貧工作方式，做大做強「雲飛鶴舞」公司，快速完成整體佈局、資源對接和資本整合，全面落實與阿里巴巴的戰略合作，加速推動與幸福9號、19樓、浙江報商聯盟、拉卡拉等電子商務平臺、O2O平臺的深度合作，建立全面戰略夥伴關係；完成了雲飛鶴舞電子商務營運中心建設，打造的「三千禾土特產品旗艦店」，採用企業化管理，推進千名電子商務培養計劃，力爭年內開設1,000家網店。通榆縣已成為阿里農村淘寶示範項目全國第三個試點縣，已建成1個縣城營運中心、5家農村淘寶服務站。

（三）信息化建設

通榆縣運用互聯網思維加快信息化步伐，構建互聯互通新格局，加快電子商務發展步伐。該縣以阿里農村淘寶試點縣為新起點，制訂電子商務發展戰略，完善創新電子商務通榆模式；做好阿里農村淘寶項目二期30個服務點建設，同時啟動其他村淘寶服務點建設，實現172個行政村全覆蓋；加快農村信息化建設，實現所有行政村光纖寬帶入村到戶；做好APP「放心糧」推廣應用；適時推動「大有年」系列畜禽產品上線銷售，開辦具有吉林特色的「山珍炒貨」店；推進淘寶特色中國‧吉林館的營運；打造「1688通榆特色雜糧雜豆產業帶」，實施智慧社區、智慧教育、智慧農業建設，完成智慧強政、智慧興業、智慧惠民主體工程開發，全面啟動社會服務管理信息平臺，用信息化力量建設服務群眾最貼心便捷的「一張網」。

（四）人才培養

通榆縣為培養電子商務人才，解決電子商務扶貧的人才缺乏問題，自2013年10月以來，借助阿里研究院、淘寶大學、電子商務專業培訓機構等資源，成功舉辦了2萬多人參加的電子商務知識普及培訓，並陸續舉辦針對返鄉創業大學生、婦女、個體工商戶、企業、機關幹部的電子商務知識特色培訓班6期，累計培訓800人次，極大地激發了全縣廣大群眾開網店、當網商、網購的熱情和信心。目前，全縣共開辦網店約420家，電子商務服務人員達到1,200人。

三、電子商務扶貧成效

通榆縣逐步形成了備受業界關注的「政府背書+基地建設+科技支撐+行銷創新」及「地方政府+農戶+電子商務企業+消費者+平臺共同創造並分享價值」的原產地直供通榆模式，帶動了貧困人口創收增收，加快了減貧脫貧速度，實現了年均減貧2.5萬人左右的目標。據瞭解，截至2015年3月末，「三千禾土特產品旗艦店」裡10個品類30多款產品已銷往全國23個省，銷售額達到4,000多萬元。2014年9月，與TP營運公司聯合推出的聚劃算「聚土地」產品，將土地收益產品以預售形式賣給互聯網消費者，活動期間共成交訂單1,800份，實現銷售收入109萬元，在7個參加活動的縣中位列訂單總數第一位。2014年11月，通榆縣政府與阿里巴巴集團簽訂農村淘寶戰略合作協議，成為其「千縣萬村計劃」農村淘寶全國第三個試點縣。2014年12月30日，阿里巴巴旗下農村淘寶通榆服務中心正式營運。目前，通榆縣已有50個行政村設立農村淘寶村級服務站。計劃到2020年，通榆縣將完成90個貧困村的電子商務扶貧全覆蓋，60%以上的貧困人口直接或間接從事與

電子商務有關的工作，解決貧困人口基本生產生活中面臨的問題，實現貧困人口人均純收入增幅超過國家平均水平。

四、電子商務扶貧總結

通榆縣全面啓動實施了電子商務扶貧工作，按照「區域發展帶動扶貧開發、扶貧開發促進區域發展」的基本思路和「生態經濟景觀」三位一體的發展理念，瞄準貧困人口，引入互聯網思維和電子商務模式，統籌政策和資金，創新載體和路徑，探索實施以電子商務促進扶貧開發的新模式，逐步形成「電子商務平臺+龍頭企業+合作社+貧困戶+網店+脫貧服務」的電子商務扶貧生態鏈條。實踐證明這是正確的、適合本地區的電子商務扶貧模式。

案例二：山東曹縣大集鄉電子商務扶貧

一、電子商務扶貧背景

曹縣是國家級貧困縣，大集鄉位於曹縣東南部 15 千米處，全鄉人口 43,200 人，總面積為 45.7 平方千米，不毗鄰國道、省道，地理位置較為偏僻，是傳統的農業鄉鎮。全鄉果蔬面積達 2 萬畝（1 畝≈666.67 平方米，全書同）左右，其中蔬菜 1.8 萬畝，有芹菜、西紅柿、甘藍、大蔥、黃瓜、蘆筍、辣椒等。芹菜 5,500 畝，年產量 4 萬噸；西紅柿 3,000 畝，年產量 2 萬噸；甘藍 3,500 畝，年產量 3 萬噸；大蔥 5,000 畝，年產量 4.5 萬噸。豐富的蔬菜資源為蔬菜深加工提供了充足的加工原料：芹菜可加工成芹菜汁，可輔助治療高血壓、貧血、動脈硬化、神經衰弱、失眠、便秘等疾病，市場前景好；西紅柿可加工成番茄醬、番茄粉、番茄紅素等系列產品，利潤空間大、市場廣闊。相比大集鄉的農產品優勢，其影視服飾加工傳統產業優勢則更突出，影視服飾產量較大，設計較好。積極採取電子商務平臺擴大大集鄉相關農產品及影視服飾市場，尤其是發展影視服飾類電子商務，將有助於解決大集鄉的貧困問題。

二、電子商務扶貧措施

（一）強化組織領導

突出政府引導，成立鄉淘寶產業發展領導小組，針對電子商務發展趨勢，突出工作重點，深入挖掘潛力，引導企業轉型升級，積極延伸產業鏈條。大集鄉黨委政府成立了大集鄉淘寶產業辦公室，大力引導村民發展淘寶服飾產業。2014 年，曹縣大集鄉建立淘寶電子商務黨總支，該黨總支下轄 8 個黨支部，包括 7 個農村電子商務黨支部和 1 個電子商務協會黨支部。商會黨支部對淘寶商戶進行了培訓；針對淘寶加工企業之間的惡意競爭，對個別加工戶做足思想工作；組織黨員募集資金 11 萬元，爭取上級資金 50 萬元，修建了一條 2 千米的通往淘寶村的公路；籌集 10 多萬元，完成局部電網升級改造。今年 4 月份該鄉又成立了大集鄉電子商務資金合作社，協調貸款 2,000 多萬元，緩解了淘寶商戶融資難的問題；並通過建立黨員示範網店、制定獎懲措施等更好地為淘寶商戶服務。

（二）加強政策優惠

《大集鄉黨委、政府關於鼓勵電子商務文化產業發展的優惠政策》規定，對首次銷售額、納稅超過一定金額的，在天貓註冊商標的，大集鄉鄉政府均給以資金獎勵。對引進高

端管理、設計人才的，鄉政府給以政策優惠及資金獎勵，從政策上引導企業擴大經營。該鄉借助「淘寶網」電子商務平臺進行產業升級轉型，同時結合實際情況啓動政府引領工程，積極制定優惠政策，引導電子商務產業的規範化發展。

（三）提供優質服務

大集鄉成立了淘寶產業商會，定期召開企業負責人座談會，引導有序競爭、健康發展，為企業提供免費代辦服務，需要註冊有限公司的淘寶服飾加工或銷售企業，所需辦理的一切證件手續，均由政府出資並派專人辦理，真正做到「一口辦理、全程代辦、優質快捷」。

（四）優化發展環境

大集鄉對淘寶企業進行專門管理，不經淘寶產業發展領導小組批准，任何單位和個人不得對淘寶企業及網店亂檢查、亂收費；把電子商務企業設為派出所重點聯繫企業，嚴厲打擊干擾企業正常生產經營的行為，積極為淘寶企業發展提供優良的外部環境。

三、電子商務扶貧存在的問題

（一）企業運行不規範，品牌意識薄弱

企業管理人員文化程度普遍不高，現代企業管理知識匱乏，同時缺乏專業技術人才，企業聘用的專業技術人員、設計師等，大部分為未經過專業訓練的非熟練工人，技術加工層次落後，缺乏「細、精、尖」的品牌發展意識。

（二）企業規模普遍較小，缺乏龍頭企業

大集鄉淘寶產業以村為基礎，企業佈局分散，規模化生產能力弱，目前產品主要占領中低檔市場，企業設備檔次普遍較低，產品同質化嚴重，缺乏高檔型、創新型產品，未形成龍頭型、規模化、高質量的大企業。

（三）行業管理機制不健全，存在無序競爭

大集鄉雖成立了淘寶商會，但對各企業仍缺乏有效的統一管理，未形成互惠互利、共同發展的良好機制，企業間存在無序競爭、低價競爭等現象，影響了產業的整體發展。

四、電子商務扶貧問題的解決對策

（一）推動產業園區發展

建立演出服飾「電子商務經濟園區」，引導分散的家庭作坊加工戶入駐，由網路店鋪向實體企業發展，向標準化、規模化、集群化轉變，促進淘寶企業發展的同時推動產業轉型升級，獲得充足的發展空間，產生規模效益。

（二）加強現代企業管理

加強對企業負責人的現代經營管理知識培訓，引入現代企業管理理念，引導各企業大力引進人才，購入先進設備，提高生產標準和技術水平，實現企業從管理體制到運行模式、管理理念、質量品牌的全面升級。

（三）注重人才教育培訓

充分發揮淘寶產業商會的作用，聘請專家為淘寶商家提供專業的電子商務精英培訓課程，提升整體素質水平，引導公平、有序的競爭。加快推進農村電子商務人才孵化基地建設，面向全國招聘高科技人才和淘寶客服等，為淘寶產業發展提供人才保障。

（四）樹立品牌創新意識

大集鄉演出服飾產業主要依靠價格優勢，產品附加值較低，雖然占據較大的市場份額，但利潤並不高，下一步將選擇一批規模大、信譽好的商戶和企業，加強產品質量管理提升，鼓勵其盡快註冊自有商標，引進高端設計人才，創新產品設計理念，提升產品技術含量，努力打入高端市場，打造品牌形象。

（五）拓寬各類融資渠道

大集鄉表演服飾生產企業還處於起步發展階段，普遍存在流動資金不足等困難，直接影響了企業的發展壯大，下一步將拓寬融資渠道，積極組織銀企對接，協調銀行加大支持力度，幫助企業做大做強。

五、電子商務扶貧成效

目前，大集鄉光纜入戶達到2,540戶，從事網路行銷近2,400戶，其中表演服飾、演出服飾行銷2,000餘戶，可加工演出服裝、表演服裝300餘個品種；已建成淘寶服飾輔料大市場1處，駐村服務物流公司發展至12家。2013年全鄉淘寶產業產值已近2億元，上繳稅金300萬元，占全鄉工業產值的25%，淘寶表演服飾產業已成為大集鄉的支柱產業。據瞭解，2014年，大集鄉的銷售額突破5個億。如今大集鄉已有7,000多家網店、138家註冊公司、152家加工廠、400多家加工戶。留守兒童、空巢老人等問題也迎刃而解。

六、電子商務扶貧總結

隨著電子商務加速向大集鄉滲透，大集鄉的經濟持續發展。大集鄉政府積極借助本地區的優勢——影視服飾產業，加大對電子商務的扶持和管理，以企業化的經營方式，不斷提高大集鄉影視服飾產業產值。第三方電子商務平臺為農民提供了低成本的網路創業途徑，為廣泛開展「電子商務扶貧」奠定了基礎。「電子商務扶貧」主要帶來幾方面的好處：一是增加了農民收入，不少貧困農戶利用電子商務走上了發家致富的道路；二是促進了農村經濟的發展，隨著電子商務扶貧的開展，農村的物流、網路、公路等配套設施都會逐步改善，形成良性循環的商業生態；三是促進了城鄉一體化，「電子商務扶貧」可以增強農村的發展活力，逐步縮小城鄉差距。可以說，電子商務為像大集鄉這類貧困地區打開了村民致富的一扇門。相信隨著互聯網和現代物流的輻射與週轉，會有更多成熟的現代商務模式和產業鏈延伸到農村，為農民致富做出貢獻。電子商務扶貧工作要推進農村電子商務的發展，將貧困地區的特色產業和特色產品，通過一些現代行銷手段進行市場開拓和品牌培育，推動整個貧困地區的產業發展取得新突破，實現貧困地區的自我造血功能。

案例三：江蘇徐州睢寧縣沙集鎮東風村電子商務扶貧

一、背景

江蘇徐州睢寧縣沙集鎮東風村歷來有經商創業的傳統，商業氣息濃厚，和一般農村以農業生產為主不同，東風村人主要以各種副業、小生意為生。自經營網銷家具產業前，東風村村民先後主要做過三項產業：一是農產品加工，主要是粉條加工；二是養殖業，主要是養豬和養雞；三是廢塑品回收。其中，廢塑料回收的規模頗大，最多時東風村有800多

人分赴全國各地回收塑料。此外，東風村還有外出務工的傳統。除了經營產業外，外出打工是村民謀生的另外一種主要選擇。據統計，2006 年以前，東風村 2,600 勞動力中的一半離開故土外出蘇南等地打工。

東風村就在沙集鎮邊上，從睢寧縣城驅車 20 多分鐘便到了。鎮上，有一幅大型的廣告招牌，上書「最佳網商沃土獎」——2010 年 9 月阿里巴巴召開「第七屆全球網商大會」時將此獎唯一授予沙集鎮。之後阿里巴巴發起召開「農村電子商務暨『沙集模式』高層研討會」，東風村迎來中國社科院信息化研究中心、國務院研究中心、商務部、工信部、農業部、國家工商總局等「國」字號貴賓。東風村在短短 4 年間，由一個「破爛村」變成一個電子商務化的「淘寶村」。這一電子商務成功案例吸引了日本、德國等外媒以及中國大陸的主流媒體聚焦。一個鄉村，因為電子商務而出名，成為信息化時代一顆耀眼的新星，其發展模式引人注目。

沙集模式是指，農戶自發地使用市場化的電子商務交易平臺變身為網商，直接對接市場，網銷細胞裂變式複製擴張，帶動製造及其他配套產業發展，各種市場元素不斷跟進，塑造出以公司為主題、多物種並存共生的新商業生態，這個新生態又促進了農戶網商的進一步創新乃至農民本身的全面發展。

二、扶貧的措施

一個「淘寶村」憑什麼吸引這麼多的關注？沙集鎮走的是一種很典型的以信息化帶動工業化、農村產業化的模式，在這裡，信息化不是一個輔助手段，而是一個火車頭，它拉動了加工製造、服務、物流等，形成了一個產業群，形成了一種生態。農民在家裡創業，不用背井離鄉也能致富，有尊嚴地走向市場經濟。

孫寒，東風村電子商務——家具產業集群的首創者，是一個富有企業家精神的年輕人。東風村的崛起，離不開孫寒、陳雷和夏凱這 3 位創業青年，號稱東風村「三劍客」，「帶頭大哥」是孫寒。孫寒創辦的家具加工廠門口掛著 3 塊牌子，一塊是公司招牌，一塊是「大學生村幹部網路創業示範基地」，另一塊是「共青團睢寧縣委青年網路示範基地」。

而在「三劍客」帶頭經營淘寶網店，銷售簡易家具前，擁有 1,180 多戶人家的東風村，多數人家從事的是廢舊塑料加工，被人稱為「垃圾村」，但東風村也累積了難得的「商務經驗」。「如果沒有這個從商經歷，東風村不可能變成『淘寶村』。」目前，東風村已有網店 1,000 多家，開網店的農戶已超過 400 戶，營業額超過 3 億元，不少店主月收入超萬元。

孫寒畢業於南京林業大學，大專文憑。在南京，孫寒當過保安；在上海，幫親戚做生意，一個月掙 300 塊錢。孫寒還去酒吧做過服務生，帥氣的他也做過群眾演員。後來他回到睢寧縣移動公司上班，月薪 3,000 元，卻因為倒賣公司做促銷活動的手機賺差價被迫辭職。失業回家後整天擺弄電腦的孫寒一度成了父母的心病。當時為了安裝寬帶上網，孫寒天天去鎮上的電信局軟磨硬泡，請相關人員吃飯才搞定。孫寒先在網上賣手機充值卡，一個晚上就賣了 30 張，於是發現電子商務可以成為「生存手段」。

2006 年，孫寒正式開了淘寶網店，經營一些小的家具飾品和掛件，每月淨利潤有 2,000 多元，可以把自己養活了，但孫寒並不滿足，當時他發現淘寶上同類型網店已有 1 萬多家，競爭非常激烈，利潤空間很小，很難成為「主要的生存手段」，於是開始謀求銷售新

產品。創業靈感來得很偶然，2007年的一天，孫寒隻身前往上海，發現了宜家家居超市。經過在網路上調查，孫寒發現宜家這種時尚簡約的家具很有市場，利潤空間也很可觀，「於是我當機立斷趕回家中，開始了對木制家具生產的探索」。孫寒草根創業，模仿宜家做廉價簡易家具，被人稱為「山寨宜家產品」。

一開始，孫寒尋找當地木匠代工，他拿著2,000塊創始資金滿村、滿鎮、滿縣地找木匠。接下來，村民們發現孫寒每天都在家裡發幾十單貨，卻從不見人上門付錢，也沒個店鋪門面的。村民們議論紛紛：「這孩子是不是在搞傳銷啊？」當初為了保密，孫寒開淘寶店只有另外兩個好朋友陳雷和夏凱知道。3個人便一起干，不僅在當地找到木匠仿製出了宜家風格的家具，而且低價時髦，滿足了都市白領兼顧時尚和實用的需求，於是在淘寶上大賣特賣。

沒有不透風的牆，知情後的村民立馬模仿「三劍客」開網店，開公司，親戚帶親戚，朋友帶朋友，電子商務模式迅速得以複製。原來經營廢塑回收的人看到網商們在網上賣家具，不出家門就能賺到錢也紛紛棄舊學新。2009年，更有一大批年輕人陸續返鄉開店創業，其中不少是大學畢業生。夏河山便是其中一位返鄉大學畢業生，他告訴記者，一年營業額是100多萬元，利潤率是10%，賺得比「北上廣」新工作的白領還多。

三、取得的成效

東風村以家具生產結合電子商務銷售為特點，已有家具生產企業近300家，電子商務銷售商3,000多家，網上店鋪近萬家。從兩種產業的集聚程度和產業規模上來看，東風村的整個產業體系已經達到集群的標準。東風村的產業現象現在被定義為「電子商務——家具產業集群」。

四、總結

東風村和其他的淘寶村的不同之處在於東風村沒有自己特色的產業，沒有可以賴以生存的農產品和生態食物，而是以信息化帶動工業化、農村產業化的模式發展起來的，依靠互聯網信息開創一個產業，整村發展一個產業，全村壯大一個產業的模式。這給沒有特色農產品或者特色產業的農村帶來了一個新的希望和目標，從而帶動農村產業集群的發展。

案例四：浙江省麗水市縉雲縣北山村電子商務扶貧

一、背景

浙江省麗水市縉雲縣北山村地處浙江省南部山區，交通閉塞，經濟落後，村民長期以來靠做燒餅、編草席為生，故該村素有「燒餅擔子」「草席攤子」之稱。但就是這樣一個僅有著800多口人、昔日貧窮落後的偏僻小山村，近年來卻因發展農村電子商務而聞名遐邇。該村從2006年出現第一家網店起，到現在已有網店近百家，僅皇冠店就有27家，從業人員150多人，2012年銷售額達到5,000萬元。村裡第一家網店創始人、北山狼戶外用品有限公司負責人呂振鴻先後被評為「麗水市十大新銳網商」「浙江省首屆十大傑出青年網商」。北山村也成為麗水市首個農村電子商務示範村，相繼吸引來包括中央電視臺在內的多家省內外知名媒體的關注，被稱為農村電子商務發展的「北山模式」。「北山模式」，是

以「農戶+網路+企業+政府」為核心要素，以「北山狼戶外用品有限公司為龍頭，以個人、家庭以及小團隊開設的分銷店為支點，以戶外用品為主打產品，以北山狼產品為依託」的農村電子商務發展模式。

二、電子商務扶貧的主要做法

（一）政府服務不可或缺

「北山模式」各要素通過政府緊密聯繫在一起，政府通過「無形的手」幫助其他各要素健康發展，為整個模式的形成、鞏固和發展起到重要作用，成為「北山模式」不可或缺的核心要素之一。

（二）龍頭企業「一枝獨秀」

與以往「沙集模式」以網路為龍頭、義烏「青岩劉模式」以實體批發市場為龍頭所不同的是，「北山模式」以品牌企業「北山狼戶外用品有限公司」為龍頭，該企業在整個模式中的引領作用明顯，幾乎所有網商都是一級或二級分銷商，與其一榮俱榮，一損俱損。

（三）主打產品「無中生有」

可以說「北山模式」的主打產品「戶外用品」與北山村這個昔日的「燒餅擔子」「草席攤子」無任何聯繫，不僅北山沒有生產基礎，就算方圓幾十里也沒有人生產，它能夠成為北山村電子商務的主打產品完全是機緣巧合。

（四）品牌意識與生俱來

與「沙集模式」、義烏「青岩劉模式」等商戶分散經營、品牌意識差不同的是，「北山模式」從一開始就牢固樹立品牌意識，注重打造自有品牌。「北山狼」品牌的創立者呂振鴻，從4,000元起家，成立北山狼公司，並採取加工基地、產品分銷兩頭在外的「自主品牌+生產外包+網上分銷」模式。如今，北山狼在淘寶上的總銷量在戶外用品中排名前十。強烈的品牌意識為「北山模式」的形成和發展注入了強大動力。

三、「北山模式」的發展成效

縉雲縣「北山模式」的發展取得了顯著成效，主要表現在以下四個方面：

（一）實現了「綠色發展」

黨的十八大指出要「堅持節約資源和保護環境的基本國策，堅持節約優先、保護優先、自然恢復為主的方針，著力推進綠色發展、循環發展、低碳發展」；麗水市第三次黨代會提出要加快「綠色崛起」，促進「科學跨越」，努力建設富饒秀美、和諧安康的「新麗水」。縉雲縣北山村的農村電子商務在沒有破壞一草一木、一寸土地的情況下，在沒有任何污染的情況下，實現了富民強村。這完全符合綠色發展的理念，是「綠色崛起、科學跨越」的生動實踐。

（二）加速了「兩富」進程

浙江省第十三次黨代會提出建設「物質富裕、精神富有」的新浙江，黨的十八大提出建設「美麗中國」的宏偉藍圖，無論是「美麗中國」還是「兩富浙江」，物質富裕都是前提和基礎。農村要發展，農民要富裕，不能僅靠現代農業和外出務工，搭上信息革命的快車，從事信息化產業也是一條寬廣的大道。北山村電子商務的發展不僅富裕了村民，壯大

了集體經濟，實現了「物質富裕」，逐漸富起來的村民精神生活也越來越富有。村裡的健康休閒設施越來越多，文娛活動越來越豐富，村民們離「兩富」目標越來越近。

（三）促進了「城鄉融合」

黨的十八大提出「要加大統籌城鄉發展力度，增強農村發展活力，逐步縮小城鄉差距，促進城鄉共同繁榮」。北山村農村電子商務的快速發展為實現這一目標奠定了經濟基礎。隨著村集體和村民的「錢袋子」越來越鼓，北山村城鄉一體化進程快速發展。如今的北山村，在壺鎮鎮政府的統一領導下，在鄉村規劃、基礎設施、公共服務等方面均朝著城鄉一體化目標順利推進，城鄉差距越來越小，村民生活越來越好。

（四）緩解了就業矛盾

推動實現更高質量的就業是黨的十八大提出的目標要求。近年來中國農村大量多餘勞動力背井離鄉外出打工，帶來了很多社會問題，導致城市越來越擁擠，農村越來越空，大量留守兒童無人看管，孤寡老人無人贍養。要提高農村多餘勞動力的就業質量，最好的辦法就是實現就地就業。「北山模式」的成功為解決農村多餘勞動力的就業問題開闢了新路。昔日大量村民外出打工，而今「放下鋤頭，敲起鍵盤，點點鼠標，生意做成」成為北山人特有的生活模式，不僅本村村民實現了在家創業，還吸引了越來越多的外地人前來就業。

（五）幫扶了「特殊群體」

千方百計增加居民收入的難點之一就是如何提高殘疾人、老年人等特殊群體的收入，農村「特殊群體」收入的提高就更是一個老大難問題。他們一無技術，二無體力，想賺點錢很難。北山村農村電子商務的發展為增加「特殊群體」的收入提供了契機。由於電子商務不需要什麼高深的技術，也不需要多少體力，很適合殘疾人、老年人等「特殊群體」。於是我們驚喜地看到北山村不少殘疾居民、老年村民依靠農村電子商務擺脫了貧困，走上致富道路。北山村殘疾青年呂林有，從小患有肌肉萎縮症，生活的艱辛曾讓他一度失去活下去的信心，而今卻通過從事電子商務支撐起自強不息的人生。

四、「北山模式」對發展農村電子商務的啟示

（一）農村電子商務的發展必須運用系統思維

農村電子商務的發展是一項系統工程，農戶、網路、政府、企業諸要素缺一不可，必須運用系統思維，統籌協調，充分調動各要素的積極性，形成合力，只有這樣，才能實現電子商務的大發展。「北山模式」之所以會取得今天的成績，與整個模式諸要素之間的緊密配合、互相促進是分不開的。企業、網商要發展離不開政府的服務，而企業、網商的發展又為政府提升服務能力奠定了物質基礎，它們是天生的利益共同體，少了任何一方都不能稱其為「北山模式」。

（二）農村電子商務的發展必須突破慣性思維

「北山模式」的形成和發展告訴我們，農村電子商務的發展不需要任何生產基礎，完全可以在一個一窮二白的地方實現快速擴張，造福一方百姓。如前所述，北山村從未生產戶外用品，周圍也沒有人生產，但即便如此，北山村還是「無中生有」，硬是通過網路和品牌運作把戶外用品賣到世界各地。因此，發展農村電子商務必須突破「錯位發展」「揚長避短」等慣性思維的約束，樹立「白手起家」的信心，經過充分市場調研後選擇適合的商品

來進行運作。

（三）農村電子商務的發展必須培育龍頭企業

在「北山模式」中，龍頭企業北山狼戶外用品有限公司成為帶動整個模式形成和發展的支柱性力量。它的出現避免了各網商之間的品牌競爭，整合了有生力量，提升了品牌知名度，促進了整個模式的健康發展。因此，注重發現和培育龍頭企業，是農村電子商務發展的重要一環。

（四）農村電子商務的發展必須樹立品牌意識

傳統商業模式依靠品牌來打天下，電子商務也不例外。沒有知名品牌的支撐就無法贏得好的口碑，也就無法形成規模優勢，發展就會不可持續。在「北山模式」中，創始人呂振鵬從一開始就牢固樹立了品牌意識，注重培育自主品牌「北山狼」，在產品創新上下功夫，逐步贏得消費者的青睞。目前「北山狼」已經成為淘寶網上戶外用品的領頭羊品牌。因此，牢固樹立品牌意識、依靠品牌促發展是電子商務健康、可持續發展的必要條件。

（五）農村電子商務的發展必須突破小農意識

事物的發展不是一帆風順的，都會遇到這樣那樣的困難。在「北山模式」調研中，我們發現北山網商也普遍遇到一些困難，其中有些諸如場地狹小、人才匱乏、資金短缺等困難是發展中的必然現象，需要政府協助來解決。但另外一些困難諸如品牌創新乏力、經營思路狹窄、業務量停滯不前等，則與農民出身的網商頭腦中根深蒂固的「小農意識」密切相關。如部分網商「小富即安」的思想嚴重，在業務量做到一定規模後就不思進取，對今後的發展缺少規劃，導致業務量下滑或停滯不前；多數網商認為大樹底下好乘涼，小農固有的因循守舊思想導致他們缺少開創自主品牌的積極性，寧願在「北山狼」這一個品牌上吊死，無形中蘊藏著很大的經營風險。因此，農村電子商務的發展必須突破小農意識，突破家族經營的慣性思維，學習借鑑現代企業的管理理念，長於謀劃，善於經營，才能在競爭激烈的市場經濟中立於不敗之地。

案例五：浙江遂昌電子商務

一、背景

電子商務浪潮沒來之前，遂昌偏安浙西一隅，省裡領導很少下來。整個縣城的支柱產業有竹炭、造紙、冶金等工業以及特色農產品和旅遊業。有人說遂昌大米好，因為是高山上原生態，沒有施化肥；有人說遂昌豬肉、牛肉、雞肉香甜，因為都是吃自己穀物長大的；還有人從舌尖上的中國瞭解到遂昌的嫩筍⋯⋯總之，浙西南山區的遂昌縣物產豐富，麗水人都知道。

後來，古老的農耕文明邂逅了激情的電子商務，「生活要想好，趕緊上淘寶」的創意刷牆隨處可見。麻將桌上的大媽大嬸在討論秒殺、包郵、淘金幣換購。從小患有麻痺症的青年在村頭與遂昌電子商務協會會長潘東明照面的第一句話是：「你怎麼看今年的雙十一？」在遂昌農家菜館吃飯時，上菜的廚師會冷不丁地談起自己對BAT（B＝百度，A＝阿里巴巴，T＝騰訊）大戰的看法；一些熱愛農業的人自發來到遂昌，推動當地農業電子商務的線上發展和圈子交流。

二、電子商務扶貧的主要做法

（1）以「協會+公司」的「地方性農產品公共服務平臺」的定位探索解決農村（農戶、合作社、農企）對接市場的問題。通過電子商務平臺融入縣域主導產業和特色產業，率先把原生態作為主打品牌來培育，形成以農產品為主，旅遊、日用工業消費品為輔的農村電子商務產業體系。

農民可以在網上銷售自己生產的農副產品，同時也能通過網路購買到城裡的工業品。遂昌的電子商務模式實際上搭建了農產品進城、工業品下鄉的商貿流通渠道，打通了山區好資源和大都市大市場對接的重重壁壘。如今，遂昌農村電子商務紅紅火火，引來各方關注，去年就接待了 900 多批次前來考察的代表團。

（2）推出「趕街——新農村電子商務服務站」，以定點、定人的方式，在農村實現電子商務代購、生活、農產品售賣、基層品質監督執行等功能。該縣 203 個行政村已實現「趕街」網點全覆蓋，浙江省 15 個縣鋪設了將近 2,000 個「趕街」網點，並與 11 個省簽訂了合作協議，其中四川省三個縣已開始在農村布點，並在湖北、江蘇、山東、四川、內蒙古、新疆等省區建立起了省級電子商務營運中心。

三、遂昌電子商務所取得的成效

（1）經過多年的發展，遂昌的農村電子商務讓「遂昌模式」聲名在外。遂昌模式的核心就是政府主導、企業營運、社會參與。

（2）目前，遂昌縣城常住人口有 5 萬，其中有 1,800 多家網店，從業人員超過 6,000 人。遂昌農村電子商務的發展增加了農產品的銷售額，遂昌出產的大米在網上賣到了每 500 克 10 元到 20 元，最貴的甚至達到每 500 克 50 元。據瞭解，2014 年遂昌網上農產品銷售額達 4.1 億元，比 2013 年增加了 70.8% 左右。

（3）通過「趕街」項目的建立和拓展，遂昌 2015 年光農產品網上銷售額就已達到 5 億元，增幅達到 100% 以上。何衛寧透露，未來三年，隨著「趕街」網店在浙江乃至全國布點佈局，趕街公司農產品交易額將會實現爆炸性的增長。

四、經驗總結

遂昌模式有許多值得我們學習和借鑑的地方：
（1）做農產品電子商務≠農民開店。一村一店不現實，那是不瞭解農村的人提出的。不鼓勵農民開店，專業的人做專業的事。
（2）物流難題≠自己去建物流。生鮮運輸目前靠的是泡沫箱，這只是權宜之計。如何突破運輸難題？遂昌與祐康的冷鏈和社區店合作，後端交給專業的祐康公司完成。
（3）協會≠公益組織。只有盈利，才有驅動力；只有增長，才會激發能動性。用協會的心態、公司的模式去運作，平等對話，實現多贏。

利用這樣一種模式可使電子商務走向全國，培養出一批更加專業的團隊，使中國的電子商務開花結果。

案例六：浙江省麗水縣電子商務扶貧

一、背景

被選入全國首批扶貧改革試驗區的麗水屬於山區，雖然有著豐富的勞動力、良好的生態環境、獨特的農產品，但當地就業困難、資金缺乏、勞動力分佈分散，創業就業能力偏弱的低收入農戶多，處於貧困狀態。這裡的父母為了供子女上學，不得不離開家鄉到縣城打工。過去幾年，這裡沒有一家網店，而如今，麗水已湧現出淘寶網遂昌館、縉雲縣壺鎮鎮北山村等農村電子商務典型。松陽茶葉、龍泉青瓷寶劍、雲和木玩紛紛借由網路，遠銷全國各地。新年伊始，基於手機終端的淘寶APP「麗水館」試運行，上線一週內發展用戶近千人。特別是麗水的北山村電子商務，短短六年間，從無到有，快速成長。目前全村開出淘寶店近100家，皇冠店級別達到27家，從業人員100多人，年銷售額達到4,000多萬元。逐步形成以浙江縉雲北山狼戶外用品有限公司為龍頭，以個人、家庭以及小團隊開設的分銷店為支點，以戶外用品為主打產品，以北山狼產品為依託的農村電子商務發展模式。

二、電子商務扶貧的主要做法

針對有勞動能力但就業困難、缺乏資金的群體，麗水在摸索產業扶貧新機制中，找到了農家樂、來料加工和農村電子商務三大扶貧載體。

首先，這三大載體都有「投入小、見效快」的特點。如農民將自有住房拿出來，布置幾間客房，會燒一些簡單的飯菜，就能辦起一家最平常的農家樂；只要具備一定的勞動能力，就能完成基礎手工活，稍微有點資金的，還可以嘗試做來料加工經紀人。農村電子商務的繁榮，使很多農民通過向網商供貨實現增收。

其次，這三大載體能吸納的就業群體十分廣泛。麗水是山區，勞動力分佈分散，創業就業能力偏弱的低收入農戶多，而這三大載體，對從業技能要求不高，婦女、老人，甚至部分殘疾人也能參與進來，這也正是它們能切實幫助農民增收的原因。如十年前麗水來料加工無人問津，如今，麗水來料加工帶動17萬人就業，除了補貼家用的婦女，很多空閒老人還以此為樂，不但能賺零花錢，干活時還有伴可聊天，能動動手腳。

最後，這三大載體與麗水生態發展理念十分契合。麗水有良好的生態環境，是浙西南的生態屏障，承擔著重要的生態保護責任，必須發展生態型產業。而無論是農家樂、來料加工，還是農村電子商務，都十分綠色、生態，不會造成環境負擔。與此同時，好山好水引來遊客，將長期有效促進農家樂的發展。山區孕育的綠色農特產品也經由網路走向了世界，讓山區農民從自給自足、提籃小賣中走出來。它們符合農村、農民的實際情況，符合了地方經濟的發展實際情況，最終成功了。

在這裡發展電子商務主要的工作內容是：第一，幫助農戶開網店；第二，培訓農村電子商務主體；第三，成立農村電子商務服務中心和電子商務技術諮詢服務中心，鼓勵和引導更多農民通過電子商務走上致富之路。

三、取得的成效和可以借鑑的經驗

2012年，全市各級團委共舉辦70場專業培訓，培訓了3,500多人。2013年，培訓力度

更大，層次更高，累計實現網路銷售額 10.46 億元，是 2012 年銷售額的近三倍；全市農村電子商務網店（含電子商務企業）達 3,622 家；從業青年人數超萬人，比 2012 年增加了一倍多。

四、總結

隨著電子商務加速向農村滲透，通過低成本的網路創業，農村的經濟得以發展，農民的收入得以提高，農產品的「賣難」問題得以解決。因此，電子商務扶貧要取得成效就得幫助農民提升進入市場的能力，為他們提供機會，結合當地的需求，開展電子商務扶貧。

第二節　西部地區電子商務扶貧案例

案例一：四川省仁壽縣電子商務扶貧

一、背景

仁壽縣隸屬四川省眉山市，位於四川盆地中南部，是全國有名的丘陵農業大縣，有著「枇杷之鄉」的美稱。全縣轄區面積 2,606.36 平方千米，耕地面積 9.23 萬公頃，轄 60 個鄉鎮、570 個村，總人口為 162 萬，是四川人口第一大、全國第三大的地區，同時也是國家商品糧食、優質棉、瘦肉型豬、水稻制種基地縣，全國十二大糧倉縣之一。經過幾年的農業產業化經營實踐，仁壽縣成立了眾多農業合作社，初步形成了一批特色農業基地，發展了一批農產品加工行銷龍頭企業。

雖然在稍早前，當地的「愛元果」合作社有了電子商務銷售的初體驗。但社員普遍反應，網上銷售雖然價格、利潤更高，但銷量卻很小，目前全社總共賣出了 5 萬~6 萬元，但網上只賣出了幾千元，傳統的批發仍是主要途徑。他們希望通過電子商務來拓展銷路，賣出更好的價格。和「愛元果」合作社一樣，仁壽縣眾多農業合作社希望找到打開「電子商務」之門的鑰匙，解決農產品的銷路問題。

在 2014 年 12 月 21 日，仁壽縣與京東集團簽訂了「開展農村電子商務合作」協議，成為京東下鄉進村的試點縣。京東利用其現有的物流體系，與仁壽縣政府進行多方面合作，探索「工業品下鄉」與「農產品進城」，即「一進一出」模式。「愛元果」合作社和當地其他合作社代表們由此搭上農村電子商務的快車，拓寬了農產品的銷路，解決了產品銷路問題。

二、電子商務扶貧的主要做法

仁壽縣許多特色農產品，如枇杷、甲魚、張記芝麻糕等，在當地主要靠傳統批發來銷售，銷售面窄，價格低。為解決當地的農產品銷路問題，京東在仁壽縣建設了京東服務中心，完善了鄉村配送體系，招募農村合作點，扶持電子商務平臺和傳統商貿企業，建立大家電「京東幫」服務店等，探索「多快好省」的工業品下鄉模式。主要做法是：通過強大物流體系幫助當地優勢產品走出去，包括開通網上特產館、館內特色產品直營採購、生鮮

預售、營運培訓、數據金融支持等，探索「兩頭受益」的農產品進城模式，採購仁壽縣的枇杷、不知火、甲魚等並在京東網站上發售。這解決了當地農產品網上銷售難、價格低的問題。

1. 政府牽頭

在網路信息化時代，電子商務已成為人們進行經濟活動的主流。為了幫助農民進入小康生活，「電子商務之路」正逐漸成為經濟發展的重要思路。四川省已將電子商務確定為新興先導型服務業。

建立物流體系。一方面，京東在四川建立物流體系；另一方面，考慮與郵政網路合作。為解決農產品物流的問題，京東在四川的物流體系建設已覆蓋60%的縣城，目前仁壽的物流配送通過成都現有物流網路即能完成。

2. 培育農村消費市場

如何順利地把農產品銷售出去，自然是農民最為關心的話題之一。但在農村農民意識和觀念落後：不熟悉網路，不知道網購。為了解決這一問題，為了電子商務企業更多地切入農產品電子商務與農村消費電子商務領域，京東將加強對自身平臺的傳播，並選取一批鄉村網路推廣員，在農村幫農民通過網路銷售產品，教會他們網購。一方面，要讓農戶懂網路、會操作，讓他們學會在網上購買、銷售產品；另一方面，政府幫助農戶在網上銷售產品，最終形成「一進一出」。這樣農村電子商務市場也就成熟起來。這是京東想要最終實現的「電子商務下鄉」：從「送進來」到「運出去」。

3. 建立完整有效的質量控制流程

農產品在網上的銷售量要名列前茅，產品為眾人喜愛，首先要保證質量。然而，傳統農戶都是分散生產，以家庭為單位，產品質量難以標準化。但京東在當地引入企業，引入合作社加盟，這就為農戶規模化生產、建立完整有效的質量控制流程奠定了基礎。

三、取得的成效和可以借鑑的經驗

京東電子商務下鄉進村改變了仁壽縣農產品以傳統批發為主的銷售模式，為仁壽縣農產品提供了網上銷售的機會，解決了農產品豐而滯銷的難題，讓更多農戶將自己的產品放到網上，通過互聯網和電子商務模式實現價值，增加了農民收入，加快了脫貧、扶貧的工作進展。2015年四川省電子商務交易額突破了1.3萬億元，增長約58%。同時仁壽縣的農產品在京東網站上銷售，使其具有一定的可信度。因為京東是一個知名的並且有權威的網路銷售服務公司，服務內容豐富，配套服務體系健全，保障了雙方的利益。

四、總結

在仁壽縣電子商務扶貧工作中可看出，電子商務要推銷好農產品，首先當地要有剩餘農產品可推銷，對電子商務有需求；其次，物流配套服務體系要完善，保證農產品的供給和質量；再次，要加強農民對電子商務的認識和運用；最後，引入企業和合作社，可以保證規模化生產並且可以對產品質量追溯。

案例二：四川省儀隴縣電子商務扶貧

一、背景

儀隴縣是被國務院確定的對中國革命做出特殊貢獻的革命老根據地貧困縣，全縣轄區面積1,788平方千米，轄57個鄉鎮、930個村（居）、112萬人。由於歷史、地理和自然條件等原因，儀隴縣經濟社會發展起步晚，速度慢，底子薄，基礎差，自然災害頻發。而現在，昔日貧困的山村通了便民路，公路兩旁建起了錯落有致的青瓦白牆樓房，村容、村貌有了較大的變化。新組建的各類專業合作組織實現優質水果、優質蔬菜生產，規模化飼養生豬、家禽，規模化、組織化、品牌化的現代農業產業體系基本形成。

二、電子商務扶貧的主要做法

（一）家電下鄉

商務部堅持把「家電下鄉」工程作為拉動農村群眾消費的重要載體，加大宣傳，精心組織，規範管理，及時兌付補貼資金，共為定點地區安排家電產品下鄉補貼資金13,868萬元，銷售家電約79萬臺，促進農村消費約21億元。「家電下鄉」工程的深入實施、紮實推進，帶動了村民消費結構的升級，不僅讓村民得到了實惠，還拉動了消費，繁榮了農村家電市場。

（二）農村市場體系的建設

商務部為儀隴安排農村市場體系建設資金2,049萬元。其中：「萬村千鄉」工程資金為1,110萬元，建設配送中心3個、農家店1,808個，實現村農家店全覆蓋，商品綜合配送率高達80%，化肥、農藥配送率達100%，有效解決了農民買難賣難的問題。該工程的實施，為當地群眾創造了省時、省錢、省心的購物環境，繁榮了農村消費市場，暢通了工業品下鄉、農產品進城的渠道。政府將儀隴納入市場監管公共服務體系建設試點，安排農貿市場建設資金290萬元，農村市場管理體系建設資金528萬元，幫助實現了儀隴縣油坊巷、回春、華府農貿市場等20個鄉鎮農貿市場的升級改造。改造後的農貿市場，解決了農民買菜「晴天落灰、雨天濕腳」的尷尬處境，市場檔次得到了提高，食品安全有了保障。政府還成功打造了「兔香苑」特色餐飲文化街。「要想富，栽桑樹，致富奔上小康路。」2006年商務部將儀隴列入「東桑西移」工程，安排絲綢發展資金400萬元，幫助建設蠶桑基地，推動當地蠶桑產業升級，蠶農收入大幅增加，鞏固了當地傳統養蠶產業的地位。

（三）農村商務信息服務

利用信息化手段發展農村經濟，幫助農民增收致富是商務部扶貧開發的又一新嘗試。為推動商務服務信息化水平，商務部把儀隴列入與中組部黨員教育中心共建的農村商務信息服務試點，提高現代化農村市場信息的應用，為農民銷售農產品鋪路架橋。農村商務信息服務是一項長期的惠農服務工程，商務信息服務不僅能及時幫助農戶瞭解相關涉農政策、市場行情等，而且能發布農產品產銷信息，解決農產品「賣難」問題，促進農產品流通，推動產銷銜接。

（四）「放心肉」服務體系建設

商務部安排「放心肉」服務體系建設項目資金258萬元，實施生豬無害化處理項目，

升級改造生豬屠宰監管及無害化處理系統，支持 45 個鄉鎮、4 個城區生豬定點和 1 個大型屠宰企業實現屠宰場視頻終端建設。通過視頻終端，監管部門可隨時監管生豬屠宰過程，確保生豬肉類食品安全。強化生豬無害化處理建設，改造升級傳統處理模式，有效防止了病害生豬產品流入市場，促進了消費，強化了肉菜流通追溯體系建設。

三、取得的成效和可以借鑑的經驗

儀隴縣的扶貧得到了商務部門等領導的相關重視。扶貧成效的關鍵在於依託部門優勢，積極從行業入手，專注信息服務和市場體系建設，及時幫助農戶瞭解相關涉農政策、市場行情，發布農產品產銷信息等；此外，升級改造生豬屠宰監管及無害化處理系統，通過視頻終端，可隨時監管生豬屠宰過程，確保生豬肉類食品安全，有效防止了病害生豬產品流入市場、促進了消費，強化了肉菜流通追溯體系建設，讓消費者瞭解到產品的生產銷售過程，給他們吃了一顆定心丸，也讓消費者對該產品產生了信任。

四、總結

在儀隴縣扶貧工作中可看出，扶貧工作要推進農村電子商務的發展，將貧困地區的特色產業和特色產品，通過一些現代行銷手段進行市場開拓和品牌培育，推動整個貧困地區的產業發展取得新突破，實現貧困地區的自我造血功能。

案例三：雅安電子商務扶貧

一、背景

雅安是獼猴桃的盛產地，截至 2014 年年底，全市獼猴桃種植面積近 10 萬畝，年產量 2.3 萬噸，獼猴桃是當地農戶的重要收入來源。然而，傳統的農產品銷售模式中，由於中間收購環節的存在，無論種植收成如何，果農很難實現穩定增收。「果子產量大，來收果的中間商就要壓價。」「4‧20」雅安蘆山地震發生後，扶貧基金會開始對災後重建中的產業扶貧進行調研。雅安通達的鄉村交通道路，能夠滿足現代物流的要求，並且有品種優良、規模可觀的獼猴桃產業，獼猴桃產量大，因此能迅速和電子商務平臺融合，達到產業扶貧效果。在與新媒體、各大電子商務平臺的交流聯繫中，基金會想出一種新的產業扶貧模式：政府把關、互聯網推動、電子商務參與、物流出力，讓災區農戶在電子商務銷售的模式下增收。2014 年，在中國扶貧基金會、國際美慈組織的幫助下，老村支書李世忠帶領雅安市名山區飛水村名建獼猴桃種植農民專業合作社的村民開啓了獼猴桃網上電子商務銷售新模式，開啓了「電子商務扶貧」之路。

二、電子商務扶貧的主要做法

李世忠，這位雅安市名山區的資深村支書，現在已成為有名的「電子商務老人」，帶頭改變了當地獼猴桃種植農民專業合作社優質獼猴桃的銷售模式，在參與 2014 年由中國扶貧基金會聯合國際美慈組織協調組織的兩次「電子商務扶貧」實踐活動中呈現出從傳統「坐商」到「電子商務」的逆襲態勢。杭州獼猴桃電子商務的利潤翻番及銷售速度深深地觸動了這位村支書。他建議大兒子招來一批剛畢業、有文憑、懂電腦、缺一個發揮平臺的大學

生，就這樣開起了網店，專門銷售獼猴桃。

（一）政府牽頭和把關

李世忠的網店開業半個月，幾乎沒有訂單。正當李世忠犯愁的時候，經過雅安市、名山區扶貧和移民工作局等相關部門引薦，中國扶貧基金會災後重建辦找到他，並表達了支持其通過網路銷售獼猴桃的意向。市農發局制定獼猴桃一類果標準，只有在大小、硬度和甜度等方面符合標準的一類獼猴桃才能參加此次活動。合作社負責收驗社員送交的獼猴桃，並組織人工選貨、裝盒。

（二）電子商務參與

2014年9月10日，中國扶貧基金會、國際美慈組織在阿里巴巴集團企業社會責任部的協調支持下，在淘寶眾籌發起了「萬人眾籌・助力雅安」主題推廣活動。該項目出售了合作社農戶種植的優質黃心獼猴桃，原本計劃半個月的活動，僅用了短短2天時間就不得不提前結束了。電子商務扶貧模式試水成功，讓其他合作社紛紛心動。另一家獼猴桃合作社負責人陳普慶在活動還未結束時便找到基金會，要求加入。李世忠和陳普慶所在的兩家合作社都出產大量「黃心」獼猴桃，基金會便組織了10月17日的推廣活動。10月17日，在中國首個「扶貧日」期間，中國扶貧基金會再次在阿里巴巴集團企業社會責任部的支持下，借助阿里旗下聚劃算平臺的優質資源推廣雅安獼猴桃，2天核心推廣期後，最終交易額定格在了263,957.80元。雅安「善品」獼猴桃網上定價每500克18元，而在過去，農戶將獼猴桃賣給中間商，僅收入每500克4元。18元的定價很有競爭力，剝去中間商，農戶通過電子商務平臺直接面對購買者。

（三）互聯網推動

通過聚劃算、新浪微公益等平臺，基金會向全國推介雅安地震災區特色農產品獼猴桃，以基於市場化的產業扶貧模式，倡導網友以參與購買的方式支持災區產業恢復重建。第一次活動初期，基金會聯繫了很多明星藝人轉發「公益扶貧、助力雅安」的淘寶界面微博，轉發量超過了1,500萬次，大多數購買者就是通過轉發的微博進入淘寶的。

活動推出的獼猴桃來自名山東建和名山名建兩個獼猴桃種植農民專業合作社，都經過了嚴格的挑選，在產品的包裝上都標有中國扶貧基金會「善品」品牌字樣。

（四）物流出力

在菜鳥網路的協調下，淘寶提供產品體系推廣和站內優化服務，申通提供物流。這兩家公司的服務都是免費的。淘寶和申通之所以免費出力，不僅出於企業公益扶貧的責任，更出於對農村電子商務網路的戰略佈局考慮。

三、取得的成效和可以借鑑的經驗

根據中國扶貧基金會的測算，在各方共贏的模式設計下，扣除所有成本，農戶每賣出500克獼猴桃，可多收入2.5元；雅安獼猴桃畝產保守估算為1,000,000克，每畝則能因此多收入5,000元；中等規模的種植農戶每收一季獼猴桃，可多收入上萬元。通過活動宣傳，擴大了市場，擴大了銷量。雅安市獼猴桃產量大，通過電子商務直接減去很多中間環節，產品直接從生產者運到消費者手中，大大提高了災區農民的收益。通過兩次活動的成功實踐，越來越多的合作社想參與進來，雖然現在規模不是很大，但是給大家指明了一條出路，

給了大家脫貧的希望。

這是基金會對蘆山地震災後重建中的產業扶貧進行充分調研、論證後探索出來的一種新模式。按照整體設計，政府、合作社、企業合作方、消費者等不同的相關方形成一個完整的鏈條，核心是為各方創造價值。扶貧是一項社會化的系統工程，這裡面有很多因素在起作用。總體而言，電子商務扶貧為創新農村扶貧形式提供了一種可能性。

雅安電子商務扶貧如果要長期進行下去，參與的電子商務平臺和物流公司，以及分揀包裝等各個環節都需要保證有利可圖，當然前提是讓農戶實現增收。具有商業推廣價值的產業和便捷的交通是電子商務扶貧的實現前提。在前兩次活動中，電子商務平臺和物流公司都出了大力，在保證農民受益的前提下，使得各方受益才能促進電子商務扶貧長久健康的發展。通過很多扶貧案例我們可以知道，扶貧的成功，需要以下幾個條件的具備：政府的扶持，資源優勢，宣傳的到位，農民自身積極參與。雅安電子商務扶貧的成功，當然不能少了電子商務平臺以及物流公司的大力合作，60多歲的村支書還在為村裡脫貧致富而努力，也不得不讓我們大家深思。在現實很多電子商務扶貧案例中，成功的很多，但是不成功的更多，很多都只是3分鐘熱情，或不顧本地區實際盲目跟風，這樣都不會取得成功。電子商務扶貧的模式，只能是對現在主流扶貧形式的補充，在基礎設施已初步完善、現代行銷思維尚有欠缺的貧困落後地區能產生一定效益，最基本的扶貧，還是需要靠發展產業、改善基礎設施來完成。當然，現實生活中並不是所有適合發展電子商務的地區都是災區，這就需要想通過電子商務達到扶貧目的的各方因地制宜地發展適合本地區的電子商務。

案例四：貴州銅仁市電子商務扶貧

一、電子商務扶貧的背景

近年來，貴州省委省政府高度重視電子商務的發展。

銅仁市地處武陵山片區，為推動扶貧工作的開展，使農村脫貧致富，實現與全國同步建成小康社會，銅仁市委市政府採取黨政主導與企業主旨、向外引進與自主培養的模式，推動電子商務從無到有，強勢起飛。目前，銅仁市高新區獲批國家級示範基地。

二、電子商務扶貧的做法

（一）銅仁市電子商務採取的措施

1. 頂層設計

銅仁市成立了由黨政主要領導任組長的農村電子商務主導小組，負責農村電子商務工作；同時與商業部、農業部、阿里巴巴集團長期合作，為電子商務發展提供智力支持。

2. 政策

銅仁市出抬了《加快電子商務發展意見》等一系列政策措施，通過對電子商務企業免費註冊、免費提供辦公場所、免費提供貨源及產品信息，扶持了一批網商迅速成長壯大。

3. 平臺搭建

銅仁市建立了電子商務孵化中心，構建了電子商務創建中心平臺，建立了農產品檢測中心、數據中心等公共服務平臺；組建市、縣兩級電子商務協會、網商聯盟等組織，構建電子商務行業交流合作平臺。

4. 資源整合

銅仁市通過創辦研究工程、農村創業園，引導了500餘名返鄉青年參與農村電子商務創業。銅仁市通過與國務院扶貧辦合作，邀請30多名全國知名電子商務企業在銅仁完成了電子商務扶貧慕課課程錄製，推動了電子商務扶貧工作的開展。

5. 宣傳推廣

銅仁市充分利用網路媒體、戶外廣告等多種形式，開展電子商務宣傳，營造良好的氛圍。「互聯網+返鄉青年創業」，一度成為央視、騰訊等各大新聞媒體的熱點新聞，使更多消費者近距離感受到銅仁產品的獨特魅力，提升了銅仁的知名度和影響力。

（二）銅仁市電子商務的打造過程

（1）抓好並培育一批電子商務基地建設。已建成電子商務基地10個，計劃年內實現所有園區百分之百覆蓋。

（2）培育一批農特產品，促進電子商務轉型升級，在抓好工業品的同時，推進農產品的發展進程。

（3）生產與銷售相結合。全市依託供銷系統3,500多家農民專業合作社，建立了全市網路經銷商聯盟，提供專業、高效的服務。玉屏縣供銷社上線僅一個月，實現了45萬餘元的銷售額。

（4）促進園區轉型升級。在網點銷售園區門票，吸引遊客120萬人次到園區旅遊觀光和購買產品。

（5）抓好龍頭企業和小微企業聯合，培育一批骨幹企業，促進農業經營主體轉型升級。龍頭企業目前有618戶，產品的網上銷售正在積極地謀劃和推動中。

三、貴州電子商務扶貧取得的成效

做好園區建設，為電子商務的發展提供比較好的物流空間和配套設施，解決好在哪裡干電子商務，在什麼環境干電子商務的問題。現在整個電子商務的規劃是33萬平方米，現在已經建成了11萬平方米。

抓主體培育和建設，歸納一下大概為四個方面：外部引進一批、本地孵化一批、存量網商提升一批、傳統企業觸網一批。通過這四個渠道加快電子商務企業的引進和培育，解決好誰來干電子商務，幹什麼模式電子商務的問題。

此外，石阡縣、印江縣、德江縣獲批農村電子商務示範縣，得到了省商務廳的大力支持。同時，銅仁市的電子商務產業已經呈現了風生水起、百舸爭流的局面。

四、經驗總結

在銅仁市電子商務扶貧的經驗中，筆者認為最主要的就是政府的重視以及政府在資金、政策、人力等各方面的大力支持，政府起到了良好的帶頭模範作用。雖然銅仁市在電子商務扶貧上取得了很大的成效，開啓了國內電子商務扶貧的優良模式，思想認識到位，但還是存在基礎設施不完善，農業產業化的發展需要與省委省政府的要求仍然存在差距，農產品規模化、標準化、組織化程度不高，配送成本比較高的問題。在電子商務扶貧的道路上，問題是難免的，只要及時予以重視，及時解決問題，前景肯定是美好的。開展電子商務扶

貧既是跨越發展和開展產業扶貧的需要，也是增強群眾致富能力和創新扶貧開發方式的需要，銅仁市農民已初步樹立了「互聯網思維」，電子商務扶貧的要素日益成熟，又有國扶辦的大力支持，當地一定會盡早脫離貧困。

案例五：甘肅省隴南市電子商務扶貧

一、電子商務的扶貧背景

甘肅是全國最窮的省份之一，隴南是甘肅最窮的地區之一，這些「之一」疊加在一起，曾經讓隴南遠近聞名。隴南人均耕地面積不到 1.8 畝，全市擁有 280 萬人口，建檔立卡的貧困人口還有 83.9 萬，占甘肅省的 20%，貧困村 1,365 個，占甘肅省的 22%，貧困面大，貧困程度深，脫貧致富的難度大。熟悉隴南的人都知道，位於秦嶺與岷山、大巴山交匯處的隴南，被無數大山重重包圍，屬亞熱帶、暖溫半濕潤和高原濕潤等多種氣候過渡地帶。獨特的氣候資源，引來大熊貓、金絲猴等 30 餘種珍稀動物在此繁衍生息；也正是這種特殊的氣候資源，適宜 1,200 多種名貴藥材及百餘種山珍生長。這裡長期存在「富裕的貧困」現象。「富裕」，是說當地出產核桃、花椒、油橄欖等大批特色優質農產品；而「貧困」，則是指長期以來這些豐富物產難以轉化為群眾收入。山大溝深、交通不便、信息閉塞，農產品銷售大部分處於鄉村集市提籃小賣、小商小販收購販運的低層次階段。如何把「氣候資源、奇山秀水賣成錢」，富一方百姓？隴南一直苦苦尋求著答案。

當地發展農村電子商務的初衷，就是針對產品銷售不暢的問題，「讓農產品賣個高價格」。令外界詫異的是，電子商務在甘肅率先崛起的地區既不是信息發達的省會蘭州，也不是交通相對便利、工農業基礎相對雄厚的河西地區，偏偏是山大溝深、交通不便、信息閉塞的隴南。

二、電子商務扶貧的主要做法

地處秦巴山區的甘肅省隴南市，農業特色產業發展優勢明顯。2013 年年底，全市農業特色產業面積已達 1,015 萬畝，產量達到 332 萬噸；全市核桃種植面積 350 萬畝，位居全國地級市第二位；花椒種植面積 220 萬畝，位居全國地級市第二位；油橄欖種植面積 35 萬畝，幾乎占全國油橄欖種植面積的三分之二，已成為全國最大的油橄欖種植基地；各類中藥材種植面積 100 萬畝，排在全國前列……當地有 11 個產品通過地理標誌產品認證。隴南市認識到隴南特色產品品種較多、品質較優，但規模不大、分佈零散。而電子商務恰恰是破解這一制約瓶頸的「蹊徑」。

(一) 政府主導

隴南市獨闢蹊徑，在發展電子商務上做文章、找出路，出抬了《關於推進電子商務實現集中突破的意見》。作為西部貧困地區，隴南在電子商務的發展過程中，更多地依靠政府推動。所謂電子商務扶貧，即要厘清扶貧開發和電子商務發展之間的關係，以電子商務帶動貧困農戶增加收入，依靠扶貧開發促進電子商務的健康發展。

目前隴南是西部地區為數不多的將電子商務作為主導產業來培育的地區，通過設立電子商務發展財政專項資金，以貼息和以獎代補等方式支持電子商務的發展。從 2014 年開始，隴南市財政每年籌集 300 萬元至 500 萬元作為電子商務專項資金，各縣區也每年安排

50萬元至100萬元專項資金扶持電子商務的發展。

(二) 示範帶動

李祥是最早一批舉起電子商務大旗的隴南官員。因在自己的實名微博上叫賣成縣核桃，這位縣委書記被網友稱作「核桃書記」。原先，成縣雖然是「中國核桃之鄉」「全國核桃重點生產縣」，全縣有50萬畝共1,100萬株核桃樹，但一直「養在深閨人不識」，大多時候核桃有量無價。起初，李祥只是抱著試試看的態度，發微博叫賣。沒想到，一石激起千層浪，應者雲集，成縣核桃在網路上火了，核桃的價格也應聲而漲。正是看到了成縣電子商務的「星星之火」，2013年年底，隴南市委提出在扶貧開發、生態文明、產業培育、城鄉一體等方面快速推進，在電子商務、金融支撐、非公經濟等方面集中突破的發展戰略，把隴南建成甘肅向南開放的橋頭堡、甘陝川接合部重要的交通樞紐聯結地、長江上游生態安全屏障和全國扶貧開發示範區。

在電子商務快速發展的同時，隴南市還在一些鄉村試點，拓寬服務領域，創建鄉村兩級電子「黨務、村務、商務、農務」信息化綜合服務平臺，推進農村信息化建設。隴南市在核桃產業大縣——成縣開展試點示範。在發展過程中，成縣找準微媒體與電子商務的對接點，全縣上下發展各類微博3,600多個，開通縣鄉各級微信辦公平臺和60多個公眾訂閱號，持續開展微媒體「行銷成縣」系列宣傳活動。在政府的強力推動下，隴南電子商務自此走上了「快車道」，全民的熱情被空前激發，各種網店如雨後春筍般湧現。正是嘗到了電子商務助農的甜頭，隴南市適時提出了電子商務扶貧的思路，努力構建電子商務扶貧的試點區和示範區。

(三) 政策資金扶持

為推進電子商務實現集中突破，隴南市先後出抬了扶植政策，加大資金支持力度，採取貼息和以獎代補等方式對電子商務發展給以支持；同時，將農村網店發展納入惠農貸款支持範圍，引導金融部門開發「椒紅寶」「金橄欖」等農產品銷售信貸產品，推動電子商務的快遞發展。

隴南市還把電子商務網上交易平臺建設列為全市十大民生實事之一，採取借力淘寶、天貓、京東等國內行銷平臺和自建網路行銷平臺「兩輪驅動」的辦法，加快建設步伐。隴南市通過招商引資，在9個縣區建成投運了電子商務示範點；EMS、順豐、圓通等16家快遞品牌企業在隴南設立了分支機構；全市行政村網路覆蓋率達到69%。通過整合產業和公共服務多方資源，成縣還啟動了隴南電子商務產業孵化園、隴南農產品（核桃）交易中心等「一園一館一中心」為主的「硬平臺」建設，其中「淘寶網特色中國．隴南館」已於2014年8月21日正式開館迎客。這是淘寶網全國第18個市級地方館，也是西北地區首家市級地方館。2015年1月中旬，阿里巴巴集團與成縣合作實施了「千縣萬村」計劃，在縣城設立電子商務營運中心，在鄉村建立了村級電子商務服務站，打造「消費品下鄉、農村產品進城」的雙向流通體系。

(四) 積極壯大電子商務隊伍

在建立農產品網銷體系的同時，隴南市還積極著力壯大電子商務隊伍。隴南市還聘請了6名國內知名電子商務專家擔任顧問，在成縣舉辦了阿里巴巴農村電子商務講習所首期培訓班。隴南市選派青年電子商務講師在浙江義烏培訓，為加強業務培訓，探索「網吧變

網店、網民變網商」的路子。隴南市先後舉辦電子商務精英、淘寶店主、扶貧「兩後生」等多層次培訓，累計培訓 38,681 人次；動員鼓勵大學生村幹部、農村返鄉青年、未就業大學生、農村「兩後生」帶頭開辦網店。在隴南，大學生村幹部、農村返鄉青年、未就業大學生等帶頭開辦網店，農村致富帶頭人、農產品購銷和販運商、專業大戶都參與了農村電子商務。據統計，隴南市目前有 695 名大學生村幹部開辦了網店 755 家，遍布每個鄉村。

（五）大力發展微信、微博平臺

大力開展政務微博和政務微信平臺建設，在促進政務公開的同時，向外推介隴南風土人情、旅遊風光、民俗特產等，帶動隴南電子商務和文化旅遊產業深度融合、快速發展。隴南幹部大都有自己的微博和微信，通過「新媒體行銷」，當地特色農產品「養在深閨人未識」的局面開始得到改變。比如成縣縣委書記李祥開設實名認證微博，粉絲超過 20 萬，他在網上推銷成縣核桃，被稱作「核桃書記」；禮縣副縣長潘喆通過微博、微信，幫助當地農民銷售遭雹災而滯銷的蘋果，被稱為「蘋果縣長」。當地許多參與電子商務的農民註冊了屬於自己的商標，並準備讓自己的產品通過食品安全的 QS 認證，以建立品牌優勢。

最新發生的一則隴南電子商務故事為此提供了一個生動註腳。今年夏天，一場冰雹襲擊了禮縣永坪鄉九圖村的 400 多畝蘋果園。到了蘋果採摘季，蘋果面留下點點小坑，雖然吃起來一樣的香甜可口，但相不佳，受傷的蘋果成了滯銷貨。替農心焦的副縣長潘喆發微博向外界求救，引發了外界一場聲勢浩蕩的愛心聲援。在全國網友的愛心接力下，短短 5 天，10 萬千克破相蘋果銷售一空。這個故事在隴南被津津樂道。作為地方政府，扶貧攻堅、盡快擺脫貧困的願望是強烈的。

（六）2015 年隴南市電子商務扶貧的主要工作

2015 年，中央、甘肅省高度重視電子商務工作，出抬了一系列支持電子商務健康發展的政策措施，為隴南市借勢做大做強電子商務帶來了難得的歷史機遇。

（1）全市上下要緊緊圍繞創建全國「電子商務示範基地」，開展電子商務扶貧試點工作，堅持網店、網貨、網商、網路「四管」齊下，進一步做大做強電子商務。

（2）要穩定網店，提高經營水平，繼續加強淘寶網「特色中國·隴南館」的建設和完善，提高網店發展質量，拓展電子商務的應用。

（3）要做優網貨，提高電子商務效益，提高網貨質量，開展品牌建設，加強網貨開發，構建網貨平臺、強化行業自律。

（4）要培養網商，強化人才支撐，加強人才引進，強化電子商務培訓，打造專業化水平較高的網商隊伍。

（5）要健全網路，夯實電子商務基礎，紮實推進重大項目建設，加快農村寬帶網路的建設，加快物流基礎設施建設，積極開展示範試點創建。

三、隴南電子商務扶貧取得的成效

不僅僅是花椒，傳統的橄欖油產業也正在經歷一場革命——告別過去的禮品經濟依賴，一系列電子商務化產品相繼問世，直面市場，更直接地贏得消費者的青睞。在成縣，不僅僅是核桃、櫻桃賣上了好價錢，連原先不是商品的野生獼猴桃、柿餅都在網上有了銷路。最火爆的時候，當地的櫻桃、土蜂蜜供不應求，緊急從鄰近的地區調運。電子商務扶貧，

能同時實現「讓農產品賣個高價格」和「把農資品低價買回來」兩個目標，讓貧困農民雙重受益。從 2013 年 7 月開始，當地通過發展電子商務，不斷拓展特色農產品銷售渠道。到目前為止，隴南市開辦網店 5,923 家，新辦和加盟網購平臺 26 個，實現農產品網上銷售 7.88 億元，帶動了 1.64 萬餘人就業，直接增加了貧困群眾收入。

（1）電子商務扶貧解決了農產品產銷不對路、增產不增收的問題。

（2）電子商務扶貧使隴南特色農產品的知名度大大提高，旅遊人數持續增加，繁榮了第三產業。

（3）隴南市通過發展電子商務，豐富了扶貧開發的方式和手段，拓展了扶貧開發的領域，也實現了專項扶貧、行業扶貧和社會扶貧的深度融合，有力地促進了大扶貧工作格局的形成，為扶貧開發工作提質增效注入了新的活力。

（4）隴南市通過探索電子商務扶貧，除了拓寬農產品的銷售渠道和市場，更促進了農民思想觀念的轉變，培養了市場意識、品牌意識和顧客理念，提升了他們參與市場競爭的能力。

（5）隴南市通過發展電子商務，帶動了種植業、加工業和包裝、倉儲、物流等相關產業的發展，真正把當地的資源優勢轉變成產業優勢，促進了就業，增加了農民收入，是一種科學推進精準扶貧的方法。

四、經驗總結

在隴南市電子商務扶貧的經驗中，筆者認為最主要的就是政府的重視以及政府在資金、政策、人力等各方面的大力支持，政府起到了良好的帶頭模範作用。國內開展電子商務扶貧的地區很多，但是像隴南市這麼成功的卻很少。也許有人說隴南政府是在搞績效工程，但是電子商務扶貧剛開始的階段，農民各方麵條件並不成熟，沒有政府的引導很難持續，等到市場條件慢慢成熟，政府就可以漸漸放手。總之，筆者覺得要促進電子商務扶貧的順利開展，政府的作用不可忽視。雖然隴南市在電子商務扶貧上取得了很大的成效，開啓了國內電子商務扶貧的優良模式，但是也存在思想認識不到位、配套設施不完善、網店營運不理想、網貨供應不穩定、專業人才不充足、協作機制不健全的問題。在電子商務扶貧的道路上，問題是難免的，只要及時給以重視，及時解決問題，前景肯定是美好的。開展電子商務扶貧既是跨越式發展和開展產業扶貧的需要，也是增強群眾致富能力和創新扶貧開發方式的需要，隴南市農民已初步樹立了「互聯網思維」，電子商務扶貧的要素日益成熟，又有國扶辦的大力支持，一定會早日脫離貧困。電子商務為隴南市的發展點亮了一盞燈，照亮了一條新路。高速公路短期內很難直達隴南縣鄉，但互聯網的高速公路可以迅速連接隴南的鄉村。

參考文獻

[1] 汪向東, 王昕天. 電子商務與信息扶貧: 互聯網時代扶貧工作的新特點 [J]. 西北農林科技大學學報（社會科學版）, 2015（7）.

[2] 盧迎春, 任培星, 起建凌. 電子商務扶貧的障礙分析 [J]. 農業網路信息, 2015（2）.

[3] 張夢, 起建凌. 對農村電子商務扶貧的探索與研究 [J]. 商場現代化, 2015（7）.

[4] 李章梅, 起建凌, 孫海清. 農村電子商務扶貧探索 [J]. 商場現代化, 2015（1）.

[5] 朱家瑞, 起建凌. 農村電子商務扶貧模式構建研究 [J]. 農業網路信息, 2015（1）.

[6] 吳敏春. 信息扶貧——貧困地區發展電子商務對策 [J]. 社會福利, 2002（7）.

[7] 汪向東, 張才明. 互聯網時代中國減貧扶貧新思路——「沙集模式」的啟示 [J]. 信息化建設, 2011（2）.

[8] 熊曉豔. 電子商務中物流瓶頸成因研究 [J]. 價值工程, 2014.

[9] 張小英. 網上購物的安全問題及解決對策 [J]. 商品與質量, 2010（8）.

[10] 林初有. 農產品電子商務的物流制約分析 [J]. 農業網路信息, 2013（12）.

[11] 吳沛良. 讓農業龍頭企業成為強農富農的主力軍更大力度地推進農業產業化快速健康發展 [J]. 江蘇農業產業化, 2013（3）.

[12] 曾奕棠. 農業電子商務發展現狀與制約因素分析 [J]. 物流工程與管理, 2013（10）.

[13] 張海霞. 中國電子商務發展過程中的制約因素及應對措施 [J]. 北方經濟, 2013（3）.

[14] 劉娟, 趙玉. 中國農村貧困的新特徵與扶貧機制創新 [J]. 探索, 2008（1）.

[15] 宋潔, 起建凌. 雲南農產品電子商務發展研究 [J]. 農業網路信息, 2014（9）.

[16] 嚴偉. 中小企業電子商務的模式選擇 [J]. 情報雜誌, 2008（3）.

[17] 黃京華. 企業電子商務模式建立方法初探 [J]. 清華大學學報, 2006（1）.

[18] 向德平. 政策執行模式對扶貧績效的影響 [J]. 農業科技與裝備, 2013（10）.

[19] 王曉紅. 農業產業化龍頭企業電子商務模式應用研究 [J]. 現代情報, 2012（4）.

[20] 劉軍君. 農業合作社與網路——農村電子商務營運模式探析 [J]. 吉林省經濟管理幹部學院學報, 2014（1）.

[21] 吳全. 新疆農民合作社電子商務創新研究 [J]. 華中師範大學學報, 2013（6）.

[22] 張晨岳. 縣域電子商務發展現狀分析及對策建議 [J]. 經濟研究導刊, 2014（10）.

[23] 楊軍.「整村推進」扶貧模式的問題與對策研究 [J]. 重慶工商大學學報, 2006（6）.

[24] 張詠梅. 中國農村扶貧模式及發展趨勢分析 [J]. 濮陽職業技術學院學報, 2010（1）.

[25] 吳國林. 廣東專業鎮 [M]. 北京: 人民出版社, 2006.

［26］尹潔．中國農產品電子商務的發展戰略分析［J］．農村經濟，2009（12）．

［27］陳生萍．國外農業電子商務的發展以及對中國的啟示［J］．農業圖書情報學刊，2008（9）．

［28］張金，範建新，周劍．農產品品牌戰略的基礎：農產品標準化分析［J］．經濟論壇，2008．

［29］張京衛．電子商務條件下農產品物流發展研究［J］．廣東農業科學，2007（5）．

［30］王兆紅．基於信息技術的農產品流通模式探討［J］．農機化研究，2007（8）．

［31］孫衍林．中國農產品供應鏈的發展探討［J］．江蘇商論，2008（3）．

［32］鮑豐梅．農產品銷售電子商務系統的建立與應用研究［D］．泰安：山東農業大學，2009．

［33］白雪．農業電子商務模式研究［D］．武漢：華中師範大學，2011．

［34］劉瑞獻．網路與實體相結合的農產品行銷模式創新研究［D］．西安：西北大學，2010．

［35］菲利普·科特勒．行銷管理［M］．13版．北京：人民大學出版社，2009．

［36］李迎生．社會政策與反貧困［J］．教學與研究，2009（6）．

附錄　電子商務扶貧的相關政策

附錄1　電子商務扶持政策

政策一：國務院辦公廳關於加快電子商務發展的若干意見

各省、自治區、直轄市人民政府，國務院各部委、各直屬機構：

　　電子商務是國民經濟和社會信息化的重要組成部分。發展電子商務是以信息化帶動工業化、轉變經濟增長方式、提高國民經濟運行質量和效率、走新型工業化道路的重大舉措，對實現全面建設小康社會的宏偉目標具有十分重要的意義。近年來，隨著信息技術的發展和普及，中國電子商務快速發展，應用初見成效，促進了國民經濟信息化的發展。但是，與發達國家相比，中國電子商務仍處在起步階段，還存在著應用範圍不廣、水平不高等問題，促進電子商務發展的政策環境急需完善。為貫徹落實黨的十六大提出的信息化發展戰略和十六屆三中全會關於加快發展電子商務的要求，經國務院同意，現就加快中國電子商務發展有關問題提出以下意見：

一、充分認識電子商務對國民經濟和社會發展的重要作用

　　（一）推進電子商務是貫徹科學發展觀的客觀要求，有利於促進中國產業結構調整，推動經濟增長方式由粗放型向集約型轉變，提高國民經濟運行質量和效率，形成國民經濟發展的新動力，實現經濟社會的全面協調可持續發展。

　　（二）加快電子商務發展是應對經濟全球化挑戰、把握發展主動權、提高國際競爭力的必然選擇，有利於提高中國在全球範圍內配置資源的能力，提升中國經濟的國際地位。

　　（三）推廣電子商務應用是完善中國社會主義市場經濟體制的有效措施，將有力地促進商品和各種要素的流動，消除妨礙公平競爭的制約因素，降低交易成本，推動全國統一市場的形成與完善，更好地實現市場對資源的基礎性配置作用。

二、加快電子商務發展的指導思想和基本原則

　　（四）加快電子商務發展的指導思想。按照科學發展觀的要求，緊緊圍繞轉變經濟增長方式、提高綜合競爭力的中心任務，實行體制創新，著力營造電子商務發展的良好環境，積極推進企業信息化建設，推廣電子商務應用，加速國民經濟和社會信息化進程，實施跨越式發展戰略，走中國特色的電子商務發展道路。

（五）加快電子商務發展的基本原則。

政府推動與企業主導相結合。完善管理體制，優化政策環境，加強基礎設施建設，提高服務質量，充分發揮企業在開展電子商務應用中的主體作用，建立政府與企業的良性互動機制，促進電子商務與電子政務協調發展。

營造環境與推廣應用相結合。加強政策法規、信用服務、安全認證、標準規範、在線支付、現代物流等支撐體系建設，營造電子商務發展的良好環境，推廣電子商務在國民經濟各個領域的應用，以環境建設促進應用發展，以應用帶動環境建設。

網路經濟與實體經濟相結合。把電子商務作為網路經濟與實體經濟相結合的實現形式，以技術創新推動管理創新和體制創新，改造傳統業務流程，促進生產經營方式由粗放型向集約型轉變。

重點推進與協調發展相結合。圍繞電子商務發展的關鍵問題和關鍵環節，積極開展電子商務試點，推進國民經濟重點領域的電子商務應用，探索多層次、多模式的中國特色電子商務發展道路，促進各類電子商務應用的協調發展。

加快發展與加強管理相結合。抓住電子商務發展的戰略機遇，在大力推進電子商務應用的同時，建立有利於電子商務健康發展的管理體制，加強網路環境下的市場監管，規範在線交易行為，保障信息安全，維護電子商務活動的正常秩序。

三、完善政策法規環境，規範電子商務發展

（六）加強統籌規劃和協調配合。加緊編製電子商務發展規劃，明確電子商務發展的目標、任務和工作重點。建立健全相互協調、緊密配合的組織保障體系和工作機制。

（七）推動電子商務法律法規建設。認真貫徹實施《中華人民共和國電子簽名法》，抓緊研究電子交易、信用管理、安全認證、在線支付、稅收、市場准入、隱私權保護、信息資源管理等方面的法律法規問題，盡快提出制訂相關法律法規的意見；根據電子商務健康有序發展的要求，抓緊研究並及時修訂相關法律法規；加快制訂在網上開展相關業務的管理辦法；推動網路仲裁、網路公證等法律服務與保障體系建設；打擊電子商務領域的非法經營以及危害國家安全、損害人民群眾切身利益的違法犯罪活動，保障電子商務的正常秩序。

（八）研究制定鼓勵電子商務發展的財稅政策。有關部門應本著積極穩妥推進的原則，加快研究制定電子商務稅費優惠政策，加強電子商務稅費管理；加大對電子商務基礎性和關鍵性領域研究開發的支持力度；採取積極措施，支持企業面向國際市場在線銷售和採購，鼓勵企業參與國際市場競爭。政府採購要積極應用電子商務。

（九）完善電子商務投融資機制。建立健全適應電子商務發展的多元化、多渠道投融資機制，研究制定促進金融業與電子商務相關企業互相支持、協同發展的相關政策。加強政府投入對企業和社會投入的帶動作用，進一步強化企業在電子商務投資中的主體地位。

四、加快信用、認證、標準、支付和現代物流建設，形成有利於電子商務發展的支撐體系

（十）加快信用體系建設。加強政府監管、行業自律及部門間的協調與聯合，鼓勵企業積極參與，按照完善法規、特許經營、商業運作、專業服務的方向，建立科學、合理、權

威、公正的信用服務機構；建立健全相關部門間信用信息資源的共享機制，建設在線信用信息服務平臺，實現信用數據的動態採集、處理、交換；嚴格信用監督和失信懲戒機制，逐步形成既符合中國國情又與國際接軌的信用服務體系。

（十一）建立健全安全認證體系。按照有關法律規定，制訂電子商務安全認證管理辦法，進一步規範密鑰、證書、認證機構的管理，注重責任體系建設，發展和採用具有自主知識產權的加密和認證技術；整合現有資源，完善安全認證基礎設施，建立佈局合理的安全認證體系，實現行業、地方等安全認證機構的交叉認證，為社會提供可靠的電子商務安全認證服務。

（十二）建立並完善電子商務國家標準體系。提高標準化意識，充分調動各方面積極性，抓緊完善電子商務的國家標準體系；鼓勵以企業為主體，聯合高校和科研機構研究制訂電子商務關鍵技術標準和規範，參與國際標準的制訂和修正，積極推進電子商務標準化進程。

（十三）推進在線支付體系建設。加緊制訂在線支付業務規範和技術標準，研究風險防範措施，加強業務監督和風險控制；積極研究第三方支付服務的相關法規，引導商業銀行、中國銀聯等機構建設安全、快捷、方便的在線支付平臺，大力推廣使用銀行卡、網上銀行等在線支付工具；進一步完善在線資金清算體系，推動在線支付業務規範化、標準化並與國際接軌。

（十四）發展現代物流體系。充分利用鐵道、交通、民航、郵政、倉儲、商業網點等現有物流資源，完善物流基礎設施建設；廣泛採用先進的物流技術與裝備，優化業務流程，提升物流業信息化水平，提高現代物流基礎設施與裝備的使用效率和經濟效益；發揮電子商務與現代物流的整合優勢，大力發展第三方物流，有效支撐電子商務的廣泛應用。

五、發揮企業的主體作用，大力推進電子商務應用

（十五）繼續推進企業信息化建設。企業信息化是電子商務的基礎，要不斷提升企業信息化水平，促進業務流程和組織結構的重組與優化，實現資源的優化配置和高效應用，增強產、供、銷協同運作能力，提高企業的市場反應能力、科學決策水平和經濟效益。

（十六）重點推進骨幹企業電子商務應用。要充分發揮骨幹企業在採購、銷售等方面的帶動作用，以產業鏈為基礎，以供應鏈管理為重點，整合上下游關聯企業相關資源，實現企業間業務流程的融合和信息系統的互聯互通，推進企業間的電子商務，提高企業群體的市場反應能力和綜合競爭力。

（十七）推動行業電子商務應用。緊密結合行業特點，研究制訂行業電子商務規範，切實做好重點行業電子商務試點示範，推廣具有行業特點的電子商務經驗，探索行業電子商務發展模式；建立行業信息資源共享和交換機制，促進行業內有序競爭與合作，提高行業的信息化及電子商務應用水平。

（十八）支持中小企業電子商務應用。提高中小企業對電子商務重要性的認識，扶持服務中小企業的第三方電子商務服務平臺建設，解決中小企業在投資、人才等方面存在的問題，促進中小企業應用電子商務提高商務效率，降低交易成本，推進中小企業信息化。

（十九）促進面向消費者的電子商務應用。發展面向消費者的新型電子商務模式，創新

服務內容，建立並完善企業、消費者在線交易的信用機制，擴大企業與消費者、消費者與消費者之間電子商務的應用規模。高度重視並積極推進移動電子商務的應用與發展。

六、提升電子商務技術和服務水平，推動相關產業發展

（二十）發展電子商務相關技術裝備和軟件。積極引進、消化、吸收國外先進適用的電子商務應用技術，鼓勵技術創新，加快具有自主知識產權的電子商務硬件和軟件產業化進程，提高電子商務平臺軟件、應用軟件、終端設備等關鍵產品的自主開發能力和裝備能力。

（二十一）推動電子商務服務體系建設。充分利用現有資源，發揮仲介機構的作用，加強網路化、系統化、社會化的服務體系建設，開展電子商務工程技術研究、成果轉化、諮詢服務、工程監理等服務工作，逐步建立和完善電子商務統計和評價體系，推動電子商務服務業健康發展。

七、加強宣傳教育工作，提高企業和公民的電子商務應用意識

（二十二）加大電子商務宣傳力度。充分利用各種媒體，採用多種形式，加強電子商務的宣傳、知識普及和安全教育工作，強化守法、誠信、自律觀念的引導和宣傳教育，提高社會各界對發展電子商務重要性的認識，增強企業和公民對電子商務的應用意識、信息安全意識。

（二十三）加強電子商務的教育培訓和理論研究。高等院校要進一步完善電子商務相關學科建設，培養適應電子商務發展需要的各類專業技術人才和複合型人才，加強電子商務理論研究；改造和完善現有教育培訓機構，多渠道強化電子商務繼續教育和在職培訓，提高各行業不同層次人員的電子商務應用能力。

八、加強交流合作，參與國際競爭

（二十四）加強國際交流與合作。積極參加有關電子商務的國際組織，參與國際電子商務重要規則、條約與示範法的研究和制定工作。密切跟蹤研究國際電子商務發展的動態和趨勢，加強技術合作，推動市場融合，不斷提高中國電子商務的整體水平。

（二十五）積極參與國際競爭。企業要強化國際競爭意識，積極應用電子商務開拓國際市場，提高國際競爭能力。有關部門要提高服務意識和服務水平，發揮信息資源優勢，為企業走向國際市場提供及時準確的信息和優質的服務。

發展電子商務是黨中央、國務院做出的完善社會主義市場經濟體制、加速國民經濟和社會信息化進程、提高國民經濟運行質量和效率的戰略決策，各地區、各部門要充分認識發展電子商務的重要性和緊迫性，積極發揮職能作用，密切協同配合，制定並不斷完善加快電子商務發展的具體政策措施，推進中國電子商務健康發展。

政策二：國務院關於積極推進「互聯網+」行動的指導意見

各省、自治區、直轄市人民政府，國務院各部委、各直屬機構：

「互聯網+」是把互聯網的創新成果與經濟社會各領域深度融合，推動技術進步、效率提升和組織變革，提升實體經濟創新力和生產力，形成更廣泛的以互聯網為基礎設施和創

新要素的經濟社會發展新形態。在全球新一輪科技革命和產業變革中，互聯網與各領域的融合發展具有廣闊前景和無限潛力，已成為不可阻擋的時代潮流，正對各國經濟社會發展產生著戰略性和全局性的影響。積極發揮中國互聯網已經形成的比較優勢，把握機遇，增強信心，加快推進「互聯網+」發展，有利於重塑創新體系、激發創新活力、培育新興業態和創新公共服務模式，對打造大眾創業、萬眾創新和增加公共產品、公共服務「雙引擎」，主動適應和引領經濟發展新常態，形成經濟發展新動能，實現中國經濟提質增效升級具有重要意義。

近年來，中國在互聯網技術、產業、應用以及跨界融合等方面取得了積極進展，已具備加快推進「互聯網+」發展的堅實基礎，但也存在傳統企業運用互聯網的意識和能力不足、互聯網企業對傳統產業理解不夠深入、新業態發展面臨體制機制障礙、跨界融合型人才嚴重匱乏等問題，亟待加以解決。為加快推動互聯網與各領域深入融合和創新發展，充分發揮「互聯網+」對穩增長、促改革、調結構、惠民生、防風險的重要作用，現就積極推進「互聯網+」行動提出以下意見。

一、行動要求

（一）總體思路

順應世界「互聯網+」發展趨勢，充分發揮中國互聯網的規模優勢和應用優勢，推動互聯網由消費領域向生產領域拓展，加速提升產業發展水平，增強各行業創新能力，構築經濟社會發展新優勢和新動能。堅持改革創新和市場需求導向，突出企業的主體作用，大力拓展互聯網與經濟社會各領域融合的廣度和深度。著力深化體制機制改革，釋放發展潛力和活力；著力做優存量，推動經濟提質增效和轉型升級；著力做大增量，培育新興業態，打造新的增長點；著力創新政府服務模式，夯實網路發展基礎，營造安全網路環境，提升公共服務水平。

（二）基本原則

堅持開放共享。營造開放包容的發展環境，將互聯網作為生產生活要素共享的重要平臺，最大限度優化資源配置，加快形成以開放、共享為特徵的經濟社會運行新模式。

堅持融合創新。鼓勵傳統產業樹立互聯網思維，積極與「互聯網+」相結合。推動互聯網向經濟社會各領域加速滲透，以融合促創新，最大程度匯聚各類市場要素的創新力量，推動融合性新興產業成為經濟發展新動力和新支柱。

堅持變革轉型。充分發揮互聯網在促進產業升級以及信息化和工業化深度融合中的平臺作用，引導要素資源向實體經濟集聚，推動生產方式和發展模式變革。創新網路化公共服務模式，大幅提升公共服務能力。

堅持引領跨越。鞏固提升中國互聯網發展優勢，加強重點領域前瞻性佈局，以互聯網融合創新為突破口，培育壯大新興產業，引領新一輪科技革命和產業變革，實現跨越式發展。

堅持安全有序。完善互聯網融合標準規範和法律法規，增強安全意識，強化安全管理和防護，保障網路安全。建立科學有效的市場監管方式，促進市場有序發展，保護公平競爭，防止形成行業壟斷和市場壁壘。

（三）發展目標

到 2018 年，互聯網與經濟社會各領域的融合發展進一步深化，基於互聯網的新業態成為新的經濟增長動力，互聯網支撐大眾創業、萬眾創新的作用進一步增強，互聯網成為提供公共服務的重要手段，網路經濟與實體經濟協同互動的發展格局基本形成。

——經濟發展進一步提質增效。互聯網在促進製造業、農業、能源、環保等產業轉型升級方面取得積極成效，勞動生產率進一步提高。基於互聯網的新興業態不斷湧現，電子商務、互聯網金融快速發展，對經濟提質增效的促進作用更加凸顯。

——社會服務進一步便捷普惠。健康醫療、教育、交通等民生領域互聯網應用更加豐富，公共服務更加多元，線上線下結合更加緊密。社會服務資源配置不斷優化，公眾享受到更加公平、高效、優質、便捷的服務。

——基礎支撐進一步夯實提升。網路設施和產業基礎得到有效鞏固加強，應用支撐和安全保障能力明顯增強。固定寬帶網路、新一代移動通信網和下一代互聯網加快發展，物聯網、雲計算等新型基礎設施更加完備。人工智能等技術及其產業化能力顯著增強。

——發展環境進一步開放包容。全社會對互聯網融合創新的認識不斷深入，互聯網融合發展面臨的體制機制障礙有效破除，公共數據資源開放取得實質性進展，相關標準規範、信用體系和法律法規逐步完善。

到 2025 年，網路化、智能化、服務化、協同化的「互聯網+」產業生態體系基本完善，「互聯網+」新經濟形態初步形成，「互聯網+」成為經濟社會創新發展的重要驅動力量。

二、重點行動

（一）「互聯網+」創業創新

充分發揮互聯網的創新驅動作用，以促進創業創新為重點，推動各類要素資源聚集、開放和共享，大力發展眾創空間、開放式創新等，引導和推動全社會形成大眾創業、萬眾創新的濃厚氛圍，打造經濟發展新引擎。（發展改革委、科技部、工業和信息化部、人力資源社會保障部、商務部等負責，列第一位者為牽頭部門，下同）

1. 強化創業創新支撐。鼓勵大型互聯網企業和基礎電信企業利用技術優勢和產業整合能力，向小微企業和創業團隊開放平臺入口、數據信息、計算能力等資源，提供研發工具、經營管理和市場行銷等方面的支持和服務，提高小微企業信息化應用水平，培育和孵化具有良好商業模式的創業企業。充分利用互聯網基礎條件，完善小微企業公共服務平臺網路，集聚創業創新資源，為小微企業提供找得著、用得起、有保障的服務。

2. 積極發展眾創空間。充分發揮互聯網開放創新優勢，調動全社會力量，支持創新工場、創客空間、社會實驗室、智慧小企業創業基地等新型眾創空間發展。充分利用國家自主創新示範區、科技企業孵化器、大學科技園、商貿企業集聚區、小微企業創業示範基地等現有條件，通過市場化方式構建一批創新與創業相結合、線上與線下相結合、孵化與投資相結合的眾創空間，為創業者提供低成本、便利化、全要素的工作空間、網路空間、社交空間和資源共享空間。實施新興產業「雙創」行動，建立一批新興產業「雙創」示範基地，加快發展「互聯網+」創業網路體系。

3. 發展開放式創新。鼓勵各類創新主體充分利用互聯網，把握市場需求導向，加強創

新資源共享與合作，促進前沿技術和創新成果及時轉化，構建開放式創新體系。推動各類創業創新扶持政策與互聯網開放平臺聯動協作，為創業團隊和個人開發者提供綠色通道服務。加快發展創業服務業，積極推廣眾包、用戶參與設計、雲設計等新型研發組織模式，引導建立社會各界交流合作的平臺，推動跨區域、跨領域的技術成果轉移和協同創新。

（二）「互聯網+」協同製造

推動互聯網與製造業融合，提升製造業數字化、網路化、智能化水平，加強產業鏈協作，發展基於互聯網的協同製造新模式。在重點領域推進智能製造、大規模個性化定制、網路化協同製造和服務型製造，打造一批網路化協同製造公共服務平臺，加快形成製造業網路化產業生態體系。（工業和信息化部、發展改革委、科技部共同牽頭）

1. 大力發展智能製造。以智能工廠為發展方向，開展智能製造試點示範，加快推動雲計算、物聯網、智能工業機器人、增材製造等技術在生產過程中的應用，推進生產裝備智能化升級、工藝流程改造和基礎數據共享。著力在工控系統、智能感知元器件、工業雲平臺、操作系統和工業軟件等核心環節取得突破，加強工業大數據的開發與利用，有效支撐製造業智能化轉型，構建開放、共享、協作的智能製造產業生態。

2. 發展大規模個性化定制。支持企業利用互聯網採集並對接用戶個性化需求，推進設計研發、生產製造和供應鏈管理等關鍵環節的柔性化改造，開展基於個性化產品的服務模式和商業模式創新。鼓勵互聯網企業整合市場信息，挖掘細分市場需求與發展趨勢，為製造企業開展個性化定制提供決策支撐。

3. 提升網路化協同製造水平。鼓勵製造業骨幹企業通過互聯網與產業鏈各環節緊密協同，促進生產、質量控制和營運管理系統全面互聯，推行眾包設計研發和網路化製造等新模式。鼓勵有實力的互聯網企業構建網路化協同製造公共服務平臺，面向細分行業提供雲製造服務，促進創新資源、生產能力、市場需求的集聚與對接，提升服務中小微企業能力，加快全社會多元化製造資源的有效協同，提高產業鏈資源整合能力。

4. 加速製造業服務化轉型。鼓勵製造企業利用物聯網、雲計算、大數據等技術，整合產品全生命週期數據，形成面向生產組織全過程的決策服務信息，為產品優化升級提供數據支撐。鼓勵企業基於互聯網開展故障預警、遠程維護、質量診斷、遠程過程優化等在線增值服務，拓展產品價值空間，實現從製造向「製造+服務」的轉型升級。

（三）「互聯網+」現代農業

利用互聯網提升農業生產、經營、管理和服務水平，培育一批網路化、智能化、精細化的現代「種養加」生態農業新模式，形成示範帶動效應，加快完善新型農業生產經營體系，培育多樣化農業互聯網管理服務模式，逐步建立農副產品、農資質量安全追溯體系，促進農業現代化水平明顯提升。（農業部、發展改革委、科技部、商務部、質檢總局、食品藥品監管總局、林業局等負責）

1. 構建新型農業生產經營體系。鼓勵互聯網企業建立農業服務平臺，支撐專業大戶、家庭農場、農民合作社、農業產業化龍頭企業等新型農業生產經營主體，加強產銷銜接，實現農業生產由生產導向向消費導向轉變。提高農業生產經營的科技化、組織化和精細化水平，推進農業生產流通銷售方式變革和農業發展方式轉變，提升農業生產效率和增值空間。規範用好農村土地流轉公共服務平臺，提升土地流轉透明度，保障農民權益。

2. 發展精準化生產方式。推廣成熟可複製的農業物聯網應用模式。在基礎較好的領域和地區，普及基於環境感知、即時監測、自動控制的網路化農業環境監測系統。在大宗農產品規模生產區域，構建天地一體的農業物聯網測控體系，實施智能節水灌溉、測土配方施肥、農機定位耕種等精準化作業。在畜禽標準化規模養殖基地和水產健康養殖示範基地，推動飼料精準投放、疾病自動診斷、廢棄物自動回收等智能設備的應用普及和互聯互通。

3. 提升網路化服務水平。深入推進信息進村入戶試點，鼓勵通過移動互聯網為農民提供政策、市場、科技、保險等生產生活信息服務。支持互聯網企業與農業生產經營主體合作，綜合利用大數據、雲計算等技術，建立農業信息監測體系，為災害預警、耕地質量監測、重大動植物疫情防控、市場波動預測、經營科學決策等提供服務。

4. 完善農副產品質量安全追溯體系。充分利用現有互聯網資源，構建農副產品質量安全追溯公共服務平臺，推進制度標準建設，建立產地準出與市場准入銜接機制。支持新型農業生產經營主體利用互聯網技術，對生產經營過程進行精細化信息化管理，加快推動移動互聯網、物聯網、二維碼、無線射頻識別等信息技術在生產加工和流通銷售各環節的推廣應用，強化上下游追溯體系對接和信息互通共享，不斷擴大追溯體系覆蓋面，實現農副產品「從農田到餐桌」全過程可追溯，保障「舌尖上的安全」。

（四）「互聯網+」智慧能源

通過互聯網促進能源系統扁平化，推進能源生產與消費模式革命，提高能源利用效率，推動節能減排。加強分佈式能源網路建設，提高可再生能源占比，促進能源利用結構優化。加快發電設施、用電設施和電網智能化改造，提高電力系統的安全性、穩定性和可靠性。（能源局、發展改革委、工業和信息化部等負責）

1. 推進能源生產智能化。建立能源生產運行的監測、管理和調度信息公共服務網路，加強能源產業鏈上下游企業的信息對接和生產消費智能化，支撐電廠和電網協調運行，促進非化石能源與化石能源協同發電。鼓勵能源企業運用大數據技術對設備狀態、電能負載等數據進行分析挖掘與預測，開展精準調度、故障判斷和預測性維護，提高能源利用效率和安全穩定運行水平。

2. 建設分佈式能源網路。建設以太陽能、風能等可再生能源為主體的多能源協調互補的能源互聯網。突破分佈式發電、儲能、智能微網、主動配電網等關鍵技術，構建智能化電力運行監測、管理技術平臺，使電力設備和用電終端基於互聯網進行雙向通信和智能調控，實現分佈式電源的及時有效接入，逐步建成開放共享的能源網路。

3. 探索能源消費新模式。開展綠色電力交易服務區域試點，推進以智能電網為配送平臺，以電子商務為交易平臺，融合儲能設施、物聯網、智能用電設施等硬件以及碳交易、互聯網金融等衍生服務於一體的綠色能源網路發展，實現綠色電力的點到點交易及即時配送和補貼結算。進一步加強能源生產和消費協調匹配，推進電動汽車、港口岸電等電能替代技術的應用，推廣電力需求側管理，提高能源利用效率。基於分佈式能源網路，發展用戶端智能化用能、能源共享經濟和能源自由交易，促進能源消費生態體系建設。

4. 發展基於電網的通信設施和新型業務。推進電力光纖到戶工程，完善能源互聯網信息通信系統。統籌部署電網和通信網深度融合的網路基礎設施，實現同纜傳輸、共建共享，避免重複建設。鼓勵依託智能電網發展家庭能效管理等新型業務。

（五）「互聯網+」普惠金融

促進互聯網金融健康發展，全面提升互聯網金融服務能力和普惠水平，鼓勵互聯網與銀行、證券、保險、基金的融合創新，為大眾提供豐富、安全、便捷的金融產品和服務，更好滿足不同層次實體經濟的投融資需求，培育一批具有行業影響力的互聯網金融創新型企業。（人民銀行、銀監會、證監會、保監會、發展改革委、工業和信息化部、網信辦等負責）

1. 探索推進互聯網金融雲服務平臺建設。探索互聯網企業構建互聯網金融雲服務平臺。在保證技術成熟和業務安全的基礎上，支持金融企業與雲計算技術提供商合作開展金融公共雲服務，提供多樣化、個性化、精準化的金融產品。支持銀行、證券、保險企業穩妥實施系統架構轉型，鼓勵探索利用雲服務平臺開展金融核心業務，提供基於金融雲服務平臺的信用、認證、接口等公共服務。

2. 鼓勵金融機構利用互聯網拓寬服務覆蓋面。鼓勵各金融機構利用雲計算、移動互聯網、大數據等技術手段，加快金融產品和服務創新，在更廣泛地區提供便利的存貸款、支付結算、信用仲介平臺等金融服務，拓寬普惠金融服務範圍，為實體經濟發展提供有效支撐。支持金融機構和互聯網企業依法合規開展網路借貸、網路證券、網路保險、互聯網基金銷售等業務。擴大專業互聯網保險公司試點，充分發揮保險業在防範互聯網金融風險中的作用。推動金融集成電路卡（IC卡）全面應用，提升電子現金的使用率和便捷性。發揮移動金融安全可信公共服務平臺（MTPS）的作用，積極推動商業銀行開展移動金融創新應用，促進移動金融在電子商務、公共服務等領域的規模應用。支持銀行業金融機構借助互聯網技術發展消費信貸業務，支持金融租賃公司利用互聯網技術開展金融租賃業務。

3. 積極拓展互聯網金融服務創新的深度和廣度。鼓勵互聯網企業依法合規提供創新金融產品和服務，更好滿足中小微企業、創新型企業和個人的投融資需求。規範發展網路借貸和互聯網消費信貸業務，探索互聯網金融服務創新。積極引導風險投資基金、私募股權投資基金和產業投資基金投資於互聯網金融企業。利用大數據發展市場化個人徵信業務，加快網路徵信和信用評價體系建設。加強互聯網金融消費權益保護和投資者保護，建立多元化金融消費糾紛解決機制。改進和完善互聯網金融監管，提高金融服務安全性，有效防範互聯網金融風險及其外溢效應。

（六）「互聯網+」益民服務

充分發揮互聯網的高效、便捷優勢，提高資源利用效率，降低服務消費成本。大力發展以互聯網為載體、線上線下互動的新興消費，加快發展基於互聯網的醫療、健康、養老、教育、旅遊、社會保障等新興服務，創新政府服務模式，提升政府科學決策能力和管理水平。（發展改革委、教育部、工業和信息化部、民政部、人力資源社會保障部、商務部、衛生計生委、質檢總局、食品藥品監管總局、林業局、旅遊局、網信辦、信訪局等負責）

1. 創新政府網路化管理和服務。加快互聯網與政府公共服務體系的深度融合，推動公共數據資源開放，促進公共服務創新供給和服務資源整合，構建面向公眾的一體化在線公共服務體系。積極探索公眾參與的網路化社會管理服務新模式，充分利用互聯網、移動互聯網應用平臺等，加快推進政務新媒體發展建設，加強政府與公眾的溝通交流，提高政府公共管理、公共服務和公共政策制定的回應速度，提升政府科學決策能力和社會治理水平，促進政府職能轉變和簡政放權。深入推進網上信訪，提高信訪工作質量、效率和公信力。

鼓勵政府和互聯網企業合作建立信用信息共享平臺，探索開展一批社會治理互聯網應用試點，打通政府部門、企事業單位之間的數據壁壘，利用大數據分析手段，提升各級政府的社會治理能力。加強對「互聯網+」行動的宣傳，提高公眾參與度。

2. 發展便民服務新業態。發展體驗經濟，支持實體零售商綜合利用網上商店、移動支付、智能試衣等新技術，打造體驗式購物模式。發展社區經濟，在餐飲、娛樂、家政等領域培育線上線下結合的社區服務新模式。發展共享經濟，規範發展網路約租車，積極推廣在線租房等新業態，著力破除准入門檻高、服務規範難、個人徵信缺失等瓶頸制約。發展基於互聯網的文化、媒體和旅遊等服務，培育形式多樣的新型業態。積極推廣基於移動互聯網入口的城市服務，開展網上社保辦理、個人社保權益查詢、跨地區醫保結算等互聯網應用，讓老百姓足不出戶享受便捷高效的服務。

3. 推廣在線醫療衛生新模式。發展基於互聯網的醫療衛生服務，支持第三方機構構建醫學影像、健康檔案、檢驗報告、電子病歷等醫療信息共享服務平臺，逐步建立跨醫院的醫療數據共享交換標準體系。積極利用移動互聯網提供在線預約診療、候診提醒、劃價繳費、診療報告查詢、藥品配送等便捷服務。引導醫療機構面向中小城市和農村地區開展基層檢查、上級診斷等遠程醫療服務。鼓勵互聯網企業與醫療機構合作建立醫療網路信息平臺，加強區域醫療衛生服務資源整合，充分利用互聯網、大數據等手段，提高重大疾病和突發公共衛生事件防控能力。積極探索互聯網延伸醫囑、電子處方等網路醫療健康服務應用。鼓勵有資質的醫學檢驗機構、醫療服務機構聯合互聯網企業，發展基因檢測、疾病預防等健康服務模式。

4. 促進智慧健康養老產業發展。支持智能健康產品創新和應用，推廣全面量化健康生活新方式。鼓勵健康服務機構利用雲計算、大數據等技術搭建公共信息平臺，提供長期跟蹤、預測預警的個性化健康管理服務。發展第三方在線健康市場調查、諮詢評價、預防管理等應用服務，提升規範化和專業化營運水平。依託現有互聯網資源和社會力量，以社區為基礎，搭建養老信息服務網路平臺，提供護理看護、健康管理、康復照料等居家養老服務。鼓勵養老服務機構應用基於移動互聯網的便攜式體檢、緊急呼叫監控等設備，提高養老服務水平。

5. 探索新型教育服務供給方式。鼓勵互聯網企業與社會教育機構根據市場需求開發數字教育資源，提供網路化教育服務。鼓勵學校利用數字教育資源及教育服務平臺，逐步探索網路化教育新模式，擴大優質教育資源覆蓋面，促進教育公平。鼓勵學校通過與互聯網企業合作等方式，對接線上線下教育資源，探索基礎教育、職業教育等教育公共服務提供新方式。推動開展學歷教育在線課程資源共享，推廣大規模在線開放課程等網路學習模式，探索建立網路學習學分認定與學分轉換等制度，加快推動高等教育服務模式變革。

（七）「互聯網+」高效物流

加快建設跨行業、跨區域的物流信息服務平臺，提高物流供需信息對接和使用效率。鼓勵大數據、雲計算在物流領域的應用，建設智能倉儲體系，優化物流運作流程，提升物流倉儲的自動化、智能化水平和運轉效率，降低物流成本。（發展改革委、商務部、交通運輸部、網信辦等負責）

1. 構建物流信息共享互通體系。發揮互聯網信息集聚優勢，聚合各類物流信息資源，

鼓勵骨幹物流企業和第三方機構搭建面向社會的物流信息服務平臺，整合倉儲、運輸和配送信息，開展物流全程監測、預警，提高物流安全、環保和誠信水平，統籌優化社會物流資源配置。構建互通省際、下達市縣、兼顧鄉村的物流信息互聯網路，建立各類可開放數據的對接機制，加快完善物流信息交換開放標準體系，在更廣範圍促進物流信息充分共享與互聯互通。

2. 建設深度感知智能倉儲系統。在各級倉儲單元積極推廣應用二維碼、無線射頻識別等物聯網感知技術和大數據技術，實現倉儲設施與貨物的即時跟蹤、網路化管理以及庫存信息的高度共享，提高貨物調度效率。鼓勵應用智能化物流裝備提升倉儲、運輸、分揀、包裝等作業效率，提高各類複雜訂單的出貨處理能力，緩解貨物囤積停滯瓶頸制約，提升倉儲運管水平和效率。

3. 完善智能物流配送調配體系。加快推進貨運車聯網與物流園區、倉儲設施、配送網點等信息互聯，促進人員、貨源、車源等信息高效匹配，有效降低貨車空駛率，提高配送效率。鼓勵發展社區自提櫃、冷鏈儲藏櫃、代收服務點等新型社區化配送模式，結合構建物流信息互聯網路，加快推進縣到村的物流配送網路和村級配送網點建設，解決物流配送「最後一千米」問題。

（八）「互聯網+」電子商務

鞏固和增強中國電子商務發展領先優勢，大力發展農村電子商務、行業電子商務和跨境電子商務，進一步擴大電子商務發展空間。電子商務與其他產業的融合不斷深化，網路化生產、流通、消費更加普及，標準規範、公共服務等支撐環境基本完善。（發展改革委、商務部、工業和信息化部、交通運輸部、農業部、海關總署、稅務總局、質檢總局、網信辦等負責）

1. 積極發展農村電子商務。開展電子商務進農村綜合示範，支持新型農業經營主體和農產品、農資批發市場對接電子商務平臺，積極發展以銷定產模式。完善農村電子商務配送及綜合服務網路，著力解決農副產品標準化、物流標準化、冷鏈倉儲建設等關鍵問題，發展農產品個性化定制服務。開展生鮮農產品和農業生產資料電子商務試點，促進農業大宗商品電子商務發展。

2. 大力發展行業電子商務。鼓勵能源、化工、鋼鐵、電子、輕紡、醫藥等行業企業，積極利用電子商務平臺優化採購、分銷體系，提升企業經營效率。推動各類專業市場線上轉型，引導傳統商貿流通企業與電子商務企業整合資源，積極向供應鏈協同平臺轉型。鼓勵生產製造企業面向個性化、定制化消費需求深化電子商務應用，支持設備製造企業利用電子商務平臺開展融資租賃服務，鼓勵中小微企業擴大電子商務應用。按照市場化、專業化方向，大力推廣電子招標投標。

3. 推動電子商務應用創新。鼓勵企業利用電子商務平臺的大數據資源，提升企業精準行銷能力，激發市場消費需求。建立電子商務產品質量追溯機制，建設電子商務售後服務質量檢測雲平臺，完善互聯網質量信息公共服務體系，解決消費者維權難、退貨難、產品責任追溯難等問題。加強互聯網食品藥品市場監測監管體系建設，積極探索處方藥電子商務銷售和監管模式創新。鼓勵企業利用移動社交、新媒體等新渠道，發展社交電子商務、「粉絲」經濟等網路行銷新模式。

4. 加強電子商務國際合作。鼓勵各類跨境電子商務服務商發展，完善跨境物流體系，拓展全球經貿合作。推進跨境電子商務通關、檢驗檢疫、結匯等關鍵環節單一窗口綜合服務體系建設。創新跨境權益保障機制，利用合格評定手段，推進國際互認。創新跨境電子商務管理，促進信息網路暢通、跨境物流便捷、支付及結匯無障礙、稅收規範便利、市場及貿易規則互認互通。

（九）「互聯網+」便捷交通

加快互聯網與交通運輸領域的深度融合，通過基礎設施、運輸工具、運行信息等互聯網化，推進基於互聯網平臺的便捷化交通運輸服務發展，顯著提高交通運輸資源利用效率和管理精細化水平，全面提升交通運輸行業服務品質和科學治理能力。（發展改革委、交通運輸部共同牽頭）

1. 提升交通運輸服務品質。推動交通運輸主管部門和企業將服務性數據資源向社會開放，鼓勵互聯網平臺為社會公眾提供即時交通運行狀態查詢、出行路線規劃、網上購票、智能停車等服務，推進基於互聯網平臺的多種出行方式信息服務對接和一站式服務。加快完善汽車健康檔案、維修診斷和服務質量信息服務平臺建設。

2. 推進交通運輸資源在線集成。利用物聯網、移動互聯網等技術，進一步加強對公路、鐵路、民航、港口等交通運輸網路關鍵設施運行狀態與通行信息的採集。推動跨地域、跨類型交通運輸信息互聯互通，推廣船聯網、車聯網等智能化技術應用，形成更加完善的交通運輸感知體系，提高基礎設施、運輸工具、運行信息等要素資源的在線化水平，全面支撐故障預警、運行維護以及調度智能化。

3. 增強交通運輸科學治理能力。強化交通運輸信息共享，利用大數據平臺挖掘分析人口遷徙規律、公眾出行需求、樞紐客流規模、車輛船舶行駛特徵等，為優化交通運輸設施規劃與建設、安全運行控制、交通運輸管理決策提供支撐。利用互聯網加強對交通運輸違章違規行為的智能化監管，不斷提高交通運輸治理能力。

（十）「互聯網+」綠色生態

推動互聯網與生態文明建設深度融合，完善污染物監測及信息發布系統，形成覆蓋主要生態要素的資源環境承載能力動態監測網路，實現生態環境數據互聯互通和開放共享。充分發揮互聯網在逆向物流回收體系中的平臺作用，促進再生資源交易利用便捷化、互動化、透明化，促進生產生活方式綠色化。（發展改革委、環境保護部、商務部、林業局等負責）

1. 加強資源環境動態監測。針對能源、礦產資源、水、大氣、森林、草原、濕地、海洋等各類生態要素，充分利用多維地理信息系統、智慧地圖等技術，結合互聯網大數據分析，優化監測站點佈局，擴大動態監控範圍，構建資源環境承載能力立體監控系統。依託現有互聯網、雲計算平臺，逐步實現各級政府資源環境動態監測信息互聯共享。加強重點用能單位能耗在線監測和大數據分析。

2. 大力發展智慧環保。利用智能監測設備和移動互聯網，完善污染物排放在線監測系統，增加監測污染物種類，擴大監測範圍，形成全天候、多層次的智能多源感知體系。建立環境信息數據共享機制，統一數據交換標準，推進區域污染物排放、空氣環境質量、水環境質量等信息公開，通過互聯網實現面向公眾的在線查詢和定制推送。加強對企業環保

信用數據的採集整理,將企業環保信用記錄納入全國統一的信用信息共享交換平臺。完善環境預警和風險監測信息網路,提升重金屬、危險廢物、危險化學品等重點風險防範水平和應急處理能力。

3. 完善廢舊資源回收利用體系。利用物聯網、大數據開展信息採集、數據分析、流向監測,優化逆向物流網點佈局。支持利用電子標籤、二維碼等物聯網技術跟蹤電子廢物流向,鼓勵互聯網企業參與搭建城市廢棄物回收平臺,創新再生資源回收模式。加快推進汽車保險信息系統、「以舊換再」管理系統和報廢車管理系統的標準化、規範化和互聯互通,加強廢舊汽車及零部件的回收利用信息管理,為互聯網企業開展業務創新和便民服務提供數據支撐。

4. 建立廢棄物在線交易系統。鼓勵互聯網企業積極參與各類產業園區廢棄物信息平臺建設,推動現有骨幹再生資源交易市場向線上線下結合轉型升級,逐步形成行業性、區域性、全國性的產業廢棄物和再生資源在線交易系統,完善線上信用評價和供應鏈融資體系,開展在線競價,發布價格交易指數,提高穩定供給能力,增強主要再生資源品種的定價權。

(十一)「互聯網+」人工智能

依託互聯網平臺提供人工智能公共創新服務,加快人工智能核心技術突破,促進人工智能在智能家居、智能終端、智能汽車、機器人等領域的推廣應用,培育若干引領全球人工智能發展的骨幹企業和創新團隊,形成創新活躍、開放合作、協同發展的產業生態。(發展改革委、科技部、工業和信息化部、網信辦等負責)

1. 培育發展人工智能新興產業。建設支撐超大規模深度學習的新型計算集群,構建包括語音、圖像、視頻、地圖等數據的海量訓練資源庫,加強人工智能基礎資源和公共服務等創新平臺建設。進一步推進計算機視覺、智能語音處理、生物特徵識別、自然語言理解、智能決策控制以及新型人機交互等關鍵技術的研發和產業化,推動人工智能在智能產品、工業製造等領域規模商用,為產業智能化升級夯實基礎。

2. 推進重點領域智能產品創新。鼓勵傳統家居企業與互聯網企業開展集成創新,不斷提升家居產品的智能化水平和服務能力,創造新的消費市場空間。推動汽車企業與互聯網企業設立跨界交叉的創新平臺,加快智能輔助駕駛、複雜環境感知、車載智能設備等技術產品的研發與應用。支持安防企業與互聯網企業開展合作,發展和推廣圖像精準識別等大數據分析技術,提升安防產品的智能化服務水平。

3. 提升終端產品智能化水平。著力做大高端移動智能終端產品和服務的市場規模,提高移動智能終端核心技術研發及產業化能力。鼓勵企業積極開展差異化細分市場需求分析,大力豐富可穿戴設備的應用服務,提升用戶體驗。推動互聯網技術以及智能感知、模式識別、智能分析、智能控制等智能技術在機器人領域的深入應用,大力提升機器人產品在傳感、交互、控制等方面的性能和智能化水平,提高核心競爭力。

三、保障支撐

(一)夯實發展基礎

1. 鞏固網路基礎。加快實施「寬帶中國」戰略,組織實施國家新一代信息基礎設施建設工程,推進寬帶網路光纖化改造,加快提升移動通信網路服務能力,促進網間互聯互通,

大幅提高網路訪問速率，有效降低網路資費，完善電信普遍服務補償機制，支持農村及偏遠地區寬帶建設和運行維護，使互聯網下沉為各行業、各領域、各區域都能使用，人、機、物泛在互聯的基礎設施。增強北門衛星全球服務能力，構建天地一體化互聯網路。加快下一代互聯網商用部署，加強互聯網協議第 6 版（IPv6）地址管理、標示管理與解析，構建未來網路創新試驗平臺。研究工業互聯網網路架構體系，構建開放式國家創新試驗驗證平臺。（發展改革委、工業和信息化部、財政部、國資委、網信辦等負責）

2. 強化應用基礎。適應重點行業融合創新發展需求，完善無線傳感網、行業雲及大數據平臺等新型應用基礎設施。實施雲計算工程，大力提升公共雲服務能力，引導行業信息化應用向雲計算平臺遷移，加快內容分發網路建設，優化數據中心佈局。加強物聯網網路架構研究，組織開展國家物聯網重大應用示範，鼓勵具備條件的企業建設跨行業物聯網營運和支撐平臺。（發展改革委、工業和信息化部等負責）

3. 做實產業基礎。著力突破核心芯片、高端服務器、高端存儲設備、數據庫和中間件等產業薄弱環節的技術瓶頸，加快推進雲操作系統、工業控制即時操作系統、智能終端操作系統的研發和應用。大力發展雲計算、大數據等解決方案以及高端傳感器、工控系統、人機交互等軟硬件基礎產品。運用互聯網理念，構建以骨幹企業為核心、產學研用高效整合的技術產業集群，打造國際先進、自主可控的產業體系。（工業和信息化部、發展改革委、科技部、網信辦等負責）

4. 保障安全基礎。制定國家信息領域核心技術設備發展時間表和路線圖，提升互聯網安全管理、態勢感知和風險防範能力，加強信息網路基礎設施安全防護和用戶個人信息保護。實施國家信息安全專項，開展網路安全應用示範，提高「互聯網+」安全核心技術和產品水平。按照信息安全等級保護等制度和網路安全國家標準的要求，加強「互聯網+」關鍵領域重要信息系統的安全保障。建設完善網路安全監測評估、監督管理、標準認證和創新能力體系。重視融合帶來的安全風險，完善網路數據共享、利用等的安全管理和技術措施，探索建立以行政評議和第三方評估為基礎的數據安全流動認證體系，完善數據跨境流動管理制度，確保數據安全。（網信辦、發展改革委、科技部、工業和信息化部、公安部、安全部、質檢總局等負責）

（二）強化創新驅動

1. 加強創新能力建設。鼓勵構建以企業為主導、產學研用合作的「互聯網+」產業創新網路或產業技術創新聯盟。支持以龍頭企業為主體，建設跨界交叉領域的創新平臺，並逐步形成創新網路。鼓勵國家創新平臺向企業特別是中小企業在線開放，加大國家重大科研基礎設施和大型科研儀器等網路化開放力度。（發展改革委、科技部、工業和信息化部、網信辦等負責）

2. 加快制定融合標準。按照共性先立、急用先行的原則，引導工業互聯網、智能電網、智慧城市等領域基礎共性標準、關鍵技術標準的研製及推廣。加快與互聯網融合應用的工控系統、智能專用裝備、智能儀表、智能家居、車聯網等細分領域的標準化工作。不斷完善「互聯網+」融合標準體系，同步推進國際國內標準化工作，增強在國際標準化組織（ISO）、國際電工委員會（IEC）和國際電信聯盟（ITU）等國際組織中的話語權。（質檢總局、工業和信息化部、網信辦、能源局等負責）

3. 強化知識產權戰略。加強融合領域關鍵環節專利導航，引導企業加強知識產權戰略儲備與佈局。加快推進專利基礎信息資源開放共享，支持在線知識產權服務平臺建設，鼓勵服務模式創新，提升知識產權服務附加值，支持中小微企業知識產權創造和運用。加強網路知識產權和專利執法維權工作，嚴厲打擊各種網路侵權假冒行為。增強全社會對網路知識產權的保護意識，推動建立「互聯網+」知識產權保護聯盟，加大對新業態、新模式等創新成果的保護力度。（知識產權局牽頭）

4. 大力發展開源社區。鼓勵企業自主研發和國家科技計劃（專項、基金等）支持形成的軟件成果通過互聯網向社會開源。引導教育機構、社會團體、企業或個人發起開源項目，積極參加國際開源項目，支持組建開源社區和開源基金會。鼓勵企業依託互聯網開源模式構建新型生態，促進互聯網開源社區與標準規範、知識產權等機構的對接與合作。（科技部、工業和信息化部、質檢總局、知識產權局等負責）

（三）營造寬鬆環境

1. 構建開放包容環境。貫徹落實《中共中央國務院關於深化體制機制改革加快實施創新驅動發展戰略的若干意見》，放寬融合性產品和服務的市場准入限制，制定實施各行業互聯網准入負面清單，允許各類主體依法平等進入未納入負面清單管理的領域。破除行業壁壘，推動各行業、各領域在技術、標準、監管等方面充分對接，最大限度減少事前准入限制，加強事中事後監管。繼續深化電信體制改革，有序開放電信市場，加快民營資本進入基礎電信業務。加快深化商事制度改革，推進投資貿易便利化。（發展改革委、網信辦、教育部、科技部、工業和信息化部、民政部、商務部、衛生計生委、工商總局、質檢總局等負責）

2. 完善信用支撐體系。加快社會徵信體系建設，推進各類信用信息平臺無縫對接，打破信息孤島。加強信用記錄、風險預警、違法失信行為等信息資源在線披露和共享，為經營者提供信用信息查詢、企業網上身分認證等服務。充分利用互聯網累積的信用數據，對現有徵信體系和評測體系進行補充和完善，為經濟調節、市場監管、社會管理和公共服務提供有力支撐。（發展改革委、人民銀行、工商總局、質檢總局、網信辦等負責）

3. 推動數據資源開放。研究出抬國家大數據戰略，顯著提升國家大數據掌控能力。建立國家政府信息開放統一平臺和基礎數據資源庫，開展公共數據開放利用改革試點，出抬政府機構數據開放管理規定。按照重要性和敏感程度分級分類，推進政府和公共信息資源開放共享，支持公眾和小微企業充分挖掘信息資源的商業價值，促進互聯網應用創新。（發展改革委、工業和信息化部、國務院辦公廳、網信辦等負責）

4. 加強法律法規建設。針對互聯網與各行業融合發展的新特點，加快「互聯網+」相關立法工作，研究調整完善不適應「互聯網+」發展和管理的現行法規及政策規定。落實加強網路信息保護和信息公開有關規定，加快推動制定網路安全、電子商務、個人信息保護、互聯網信息服務管理等法律法規。完善反壟斷法配套規則，進一步加大反壟斷法執行力度，嚴查處信息領域企業壟斷行為，營造互聯網公平競爭環境。（法制辦、網信辦、發展改革委、工業和信息化部、公安部、安全部、商務部、工商總局等負責）

（四）拓展海外合作

1. 鼓勵企業抱團出海。結合「一帶一路」等國家重大戰略，支持和鼓勵具有競爭優勢

的互聯網企業聯合製造、金融、信息通信等領域企業率先走出去,通過海外併購、聯合經營、設立分支機構等方式,相互借力,共同開拓國際市場,推進國際產能合作,構建跨境產業鏈體系,增強全球競爭力。(發展改革委、外交部、工業和信息化部、商務部、網信辦等負責)

2. 發展全球市場應用。鼓勵「互聯網+」企業整合國內外資源,面向全球提供工業雲、供應鏈管理、大數據分析等網路服務,培育具有全球影響力的「互聯網+」應用平臺。鼓勵互聯網企業積極拓展海外用戶,推出適合不同市場文化的產品和服務。(商務部、發展改革委、工業和信息化部、網信辦等負責)

3. 增強走出去服務能力。充分發揮政府、產業聯盟、行業協會及相關仲介機構作用,形成支持「互聯網+」企業走出去的合力。鼓勵仲介機構為企業拓展海外市場提供信息諮詢、法律援助、稅務仲介等服務。支持行業協會、產業聯盟與企業共同推廣中國技術和中國標準,以技術標準走出去帶動產品和服務在海外推廣應用。(商務部、外交部、發展改革委、工業和信息化部、稅務總局、質檢總局、網信辦等負責)

(五)加強智力建設

1. 加強應用能力培訓。鼓勵地方各級政府採用購買服務的方式,向社會提供互聯網知識技能培訓,支持相關研究機構和專家開展「互聯網+」基礎知識和應用培訓。鼓勵傳統企業與互聯網企業建立信息諮詢、人才交流等合作機制,促進雙方深入交流合作。加強製造業、農業等領域人才特別是企業高層管理人員的互聯網技能培訓,鼓勵互聯網人才與傳統行業人才雙向流動。(科技部、工業和信息化部、人力資源社會保障部、網信辦等負責)

2. 加快複合型人才培養。面向「互聯網+」融合發展需求,鼓勵高校根據發展需要和學校辦學能力設置相關專業,注重將國內外前沿研究成果盡快引入相關專業教學中。鼓勵各類學校聘請互聯網領域高級人才作為兼職教師,加強「互聯網+」領域實驗教學。(教育部、發展改革委、科技部、工業和信息化部、人力資源社會保障部、網信辦等負責)

3. 鼓勵聯合培養培訓。實施產學合作專業綜合改革項目,鼓勵校企、院企合作辦學,推進「互聯網+」專業技術人才培訓。深化互聯網領域產教融合,依託高校、科研機構、企業的智力資源和研究平臺,建立一批聯合實訓基地。建立企業技術中心和院校對接機制,鼓勵企業在院校建立「互聯網+」研發機構和實驗中心。(教育部、發展改革委、科技部、工業和信息化部、人力資源社會保障部、網信辦等負責)

4. 利用全球智力資源。充分利用現有人才引進計劃和鼓勵企業設立海外研發中心等多種方式,引進和培養一批「互聯網+」領域高端人才。完善移民、簽證等制度,形成有利於吸引人才的分配、激勵和保障機制,為引進海外人才提供有利條件。支持通過任務外包、產業合作、學術交流等方式,充分利用全球互聯網人才資源。吸引互聯網領域領軍人才、特殊人才、緊缺人才在中國創業創新和從事教學科研等活動。(人力資源社會保障部、發展改革委、教育部、科技部、網信辦等負責)

(六)加強引導支持

1. 實施重大工程包。選擇重點領域,加大中央預算內資金投入力度,引導更多社會資本進入,分步驟組織實施「互聯網+」重大工程,重點促進以移動互聯網、雲計算、大數據、物聯網為代表的新一代信息技術與製造、能源、服務、農業等領域的融合創新,發展

壯大新興業態，打造新的產業增長點。(發展改革委牽頭)

　　2. 加大財稅支持。充分發揮國家科技計劃作用，積極投向符合條件的「互聯網+」融合創新關鍵技術研發及應用示範。統籌利用現有財政專項資金，支持「互聯網+」相關平臺建設和應用示範等。加大政府部門採購雲計算服務的力度，探索基於雲計算的政務信息化建設營運新機制。鼓勵地方政府創新風險補償機制，探索「互聯網+」發展的新模式。(財政部、稅務總局、發展改革委、科技部、網信辦等負責)

　　3. 完善融資服務。積極發揮天使投資、風險投資基金等對「互聯網+」的投資引領作用。開展股權眾籌等互聯網金融創新試點，支持小微企業發展。支持國家出資設立的有關基金投向「互聯網+」，鼓勵社會資本加大對相關創新型企業的投資。積極發展知識產權質押融資、信用保險保單融資增信等服務，鼓勵通過債券融資方式支持「互聯網+」發展，支持符合條件的「互聯網+」企業發行公司債券。開展產融結合創新試點，探索股權和債權相結合的融資服務。降低創新型、成長型互聯網企業的上市准入門檻，結合證券法修訂和股票發行註冊制改革，支持處於特定成長階段、發展前景好但尚未盈利的互聯網企業在創業板上市。推動銀行業金融機構創新信貸產品與金融服務，加大貸款投放力度。鼓勵開發性金融機構為「互聯網+」重點項目建設提供有效融資支持。(人民銀行、發展改革委、銀監會、證監會、保監會、網信辦、開發銀行等負責)

　　(七) 做好組織實施

　　1. 加強組織領導。建立「互聯網+」行動實施部際聯席會議制度，統籌協調解決重大問題，切實推動行動的貫徹落實。聯席會議設辦公室，負責具體工作的組織推進。建立跨領域、跨行業的「互聯網+」行動專家諮詢委員會，為政府決策提供重要支撐。(發展改革委牽頭)

　　2. 開展試點示範。鼓勵開展「互聯網+」試點示範，推進「互聯網+」區域化、鏈條化發展。支持全面創新改革試驗區、中關村等國家自主創新示範區、國家現代農業示範區先行先試，積極開展「互聯網+」創新政策試點，破除新興產業行業准入、數據開放、市場監管等方面政策障礙，研究適應新興業態特點的稅收、保險政策，打造「互聯網+」生態體系。(各部門、各地方政府負責)

　　3. 有序推進實施。各地區、各部門要主動作為，完善服務，加強引導，以動態發展的眼光看待「互聯網+」，在實踐中大膽探索拓展，相互借鑑「互聯網+」融合應用成功經驗，促進「互聯網+」新業態、新經濟發展。有關部門要加強統籌規劃，提高服務和管理能力。各地區要結合實際，研究制定適合本地的「互聯網+」行動落實方案，因地制宜，合理定位，科學組織實施，杜絕盲目建設和重複投資，務實有序推進「互聯網+」行動。(各部門、各地方政府負責)

政策三：國務院關於大力發展電子商務加快培育經濟新動力的意見

各省、自治區、直轄市人民政府，國務院各部委、各直屬機構：

　　近年來中國電子商務發展迅猛，不僅創造了新的消費需求，引發了新的投資熱潮，開闢了就業增收新渠道，為大眾創業、萬眾創新提供了新空間，而且電子商務正加速與製造業融合，推動服務業轉型升級，催生新興業態，成為提供公共產品、公共服務的新力量，

成為經濟發展新的原動力。與此同時，電子商務發展面臨管理方式不適應、誠信體系不健全、市場秩序不規範等問題，亟須採取措施予以解決。當前，中國已進入全面建成小康社會的決定性階段，為減少束縛電子商務發展的機制體制障礙，進一步發揮電子商務在培育經濟新動力，打造「雙引擎」、實現「雙目標」等方面的重要作用，現提出以下意見：

一、指導思想、基本原則和主要目標

（一）指導思想。全面貫徹黨的十八大和十八屆二中、三中、四中全會精神，按照黨中央、國務院決策部署，堅持依靠改革推動科學發展，主動適應和引領經濟發展新常態，著力解決電子商務發展中的深層次矛盾和重大問題，大力推進政策創新、管理創新和服務創新，加快建立開放、規範、誠信、安全的電子商務發展環境，進一步激發電子商務創新動力、創造潛力、創業活力，加速推動經濟結構戰略性調整，實現經濟提質增效升級。

（二）基本原則。一是積極推動。主動作為、支持發展。積極協調解決電子商務發展中的各種矛盾與問題。在政府資源開放、網路安全保障、投融資支持、基礎設施和誠信體系建設等方面加大服務力度。推進電子商務企業稅費合理化，減輕企業負擔。進一步釋放電子商務發展潛力，提升電子商務創新發展水平。二是逐步規範。簡政放權、放管結合。法無禁止的市場主體即可為，法未授權的政府部門不能為，最大限度減少對電子商務市場的行政干預。在放寬市場准入的同時，要在發展中逐步規範市場秩序，營造公平競爭的創業發展環境，進一步激發社會創業活力，拓寬電子商務創新發展領域。三是加強引導。把握趨勢、因勢利導。加強對電子商務發展中前瞻性、苗頭性、傾向性問題的研究，及時在商業模式創新、關鍵技術研發、國際市場開拓等方面加大對企業的支持引導力度，引領電子商務向打造「雙引擎」、實現「雙目標」發展，進一步增強企業的創新動力，加速電子商務創新發展步伐。

（三）主要目標。到 2020 年，統一開放、競爭有序、誠信守法、安全可靠的電子商務大市場基本建成。電子商務與其他產業深度融合，成為促進創業、穩定就業、改善民生服務的重要平臺，對工業化、信息化、城鎮化、農業現代化同步發展起到關鍵性作用。

二、營造寬鬆發展環境

（四）降低准入門檻。全面清理電子商務領域現有前置審批事項，無法律法規依據的一律取消，嚴禁違法設定行政許可、增加行政許可條件和程序。（國務院審改辦，有關部門按職責分工分別負責）進一步簡化註冊資本登記，深入推進電子商務領域由「先證後照」改為「先照後證」改革。（工商總局、中央編辦）落實《註冊資本登記制度改革方案》，放寬電子商務市場主體住所（經營場所）登記條件，完善相關管理措施。（省級人民政府）推進對快遞企業設立非法人快遞末端網點實施備案制管理。（郵政局）簡化境內電子商務企業海外上市審批流程，鼓勵電子商務領域的跨境人民幣直接投資。（發展改革委、商務部、外匯局、證監會、人民銀行）放開外商投資電子商務業務的外方持股比例限制。（工業和信息化部、發展改革委、商務部）探索建立能源、鐵路、公共事業等行業電子商務服務的市場化機制。（有關部門按職責分工分別負責）

（五）合理降稅減負。從事電子商務活動的企業，經認定為高新技術企業的，依法享受

高新技術企業相關優惠政策，小微企業依法享受稅收優惠政策。（科技部、財政部、稅務總局）加快推進「營改增」，逐步將旅遊電子商務、生活服務類電子商務等相關行業納入「營改增」範圍。（財政部、稅務總局）

（六）加大金融服務支持。建立健全適應電子商務發展的多元化、多渠道投融資機制。（有關部門按職責分工分別負責）研究鼓勵符合條件的互聯網企業在境內上市等相關政策。（證監會）支持商業銀行、擔保存貨管理機構及電子商務企業開展無形資產、動產質押等多種形式的融資服務。鼓勵商業銀行、商業保理機構、電子商務企業開展供應鏈金融、商業保理服務，進一步拓展電子商務企業融資渠道。（人民銀行、商務部）引導和推動創業投資基金，加大對電子商務初創企業的支持。（發展改革委）

（七）維護公平競爭。規範電子商務市場競爭行為，促進建立開放、公平、健康的電子商務市場競爭秩序。研究制定電子商務產品質量監督管理辦法，探索建立風險監測、網上抽查、源頭追溯、屬地查處的電子商務產品質量監督機制，完善部門間、區域間監管信息共享和職能銜接機制。依法打擊網路虛假宣傳、生產銷售假冒偽劣產品、違反國家出口管制法規政策跨境銷售兩用品和技術、不正當競爭等違法行為，組織開展電子商務產品質量提升行動，促進合法、誠信經營。（工商總局、質檢總局、公安部、商務部按職責分工分別負責）重點查處達成壟斷協議和濫用市場支配地位的問題，通過經營者集中反壟斷審查，防止排除、限制市場競爭的行為。（發展改革委、工商總局、商務部）加強電子商務領域知識產權保護，研究進一步加大網路商業方法領域發明專利保護力度。（工業和信息化部、商務部、海關總署、工商總局、新聞出版廣電總局、知識產權局等部門按職責分工分別負責）進一步加大政府利用電子商務平臺進行採購的力度。（財政部）各級政府部門不得通過行政命令指定為電子商務提供公共服務的供應商，不得濫用行政權力排除、限制電子商務的競爭。（有關部門按職責分工分別負責）

三、促進就業創業

（八）鼓勵電子商務領域就業創業。把發展電子商務促進就業納入各地就業發展規劃和電子商務發展整體規劃。建立電子商務就業和社會保障指標統計制度。經工商登記註冊的網路商戶從業人員，同等享受各項就業創業扶持政策。未進行工商登記註冊的網路商戶從業人員，可認定為靈活就業人員，享受靈活就業人員扶持政策，其中在網路平臺實名註冊、穩定經營且信譽良好的網路商戶創業者，可按規定享受小額擔保貸款及貼息政策。支持中小微企業應用電子商務、拓展業務領域，鼓勵有條件的地區建設電子商務創業園區，指導各類創業孵化基地為電子商務創業人員提供場地支持和創業孵化服務。加強電子商務企業用工服務，完善電子商務人才供求信息對接機制。（人力資源社會保障部、工業和信息化部、商務部、統計局，地方各級人民政府）

（九）加強人才培養培訓。支持學校、企業及社會組織合作辦學，探索實訓式電子商務人才培養與培訓機制。推進國家電子商務專業技術人才知識更新工程，指導各類培訓機構增加電子商務技能培訓項目，支持電子商務企業開展崗前培訓、技能提升培訓和高技能人才培訓，加快培養電子商務領域的高素質專門人才和技術技能人才。參加職業培訓和職業技能鑒定的人員，以及組織職工培訓的電子商務企業，可按規定享受職業培訓補貼和職業

技能鑒定補貼政策。鼓勵有條件的職業院校、社會培訓機構和電子商務企業開展網路創業培訓。(人力資源社會保障部、商務部、教育部、財政部)

(十)保障從業人員勞動權益。規範電子商務企業特別是網路商戶勞動用工，經工商登記註冊取得營業執照的，應與招用的勞動者依法簽訂勞動合同；未進行工商登記註冊的，也可參照勞動合同法相關規定與勞動者簽訂民事協議，明確雙方的權利、責任和義務。按規定將網路從業人員納入各項社會保險，對未進行工商登記註冊的網路商戶，其從業人員可按靈活就業人員參保繳費辦法參加社會保險。符合條件的就業困難人員和高校畢業生，可享受靈活就業人員社會保險補貼政策。長期雇用5人及以上的網路商戶，可在工商註冊地進行社會保險登記，參加企業職工的各項社會保險。滿足統籌地區社會保險優惠政策條件的網路商戶，可享受社會保險優惠政策。(人力資源社會保障部)

四、推動轉型升級

(十一)創新服務民生方式。積極拓展信息消費新渠道，創新移動電子商務應用，支持面向城鄉居民社區提供日常消費、家政服務、遠程繳費、健康醫療等商業和綜合服務的電子商務平臺發展。加快推動傳統媒體與新興媒體深度融合，提升文化企業網路服務能力，支持文化產品電子商務平臺發展，規範網路文化市場。支持教育、會展、諮詢、廣告、餐飲、娛樂等服務企業深化電子商務應用。(有關部門按職責分工分別負責)鼓勵支持旅遊景點、酒店等開展線上行銷，規範發展在線旅遊預訂市場，推動旅遊在線服務模式創新。(旅遊局、工商總局)加快建立全國12315互聯網平臺，完善網上交易在線投訴及售後維權機制，研究制定7天無理由退貨實施細則，促進網路購物消費健康快速發展。(工商總局)

(十二)推動傳統商貿流通企業發展電子商務。鼓勵有條件的大型零售企業開辦網上商城，積極利用移動互聯網、地理位置服務、大數據等信息技術提升流通效率和服務質量。支持中小零售企業與電子商務平臺優勢互補，加強服務資源整合，促進線上交易與線下交易融合互動。(商務部)推動各類專業市場建設網上市場，通過線上線下融合，加速向網路化市場轉型，研究完善能源、化工、鋼鐵、林業等行業電子商務平臺規範發展的相關措施。(有關部門按職責分工分別負責)制定完善互聯網食品藥品經營監督管理辦法，規範食品、保健食品、藥品、化妝品、醫療器械網路經營行為，加強互聯網食品藥品市場監測監管體系建設，推動醫藥電子商務發展。(食品藥品監管總局、衛生計生委、商務部)

(十三)積極發展農村電子商務。加強互聯網與農業農村融合發展，引入產業鏈、價值鏈、供應鏈等現代管理理念和方式，研究制定促進農村電子商務發展的意見，出抬支持政策措施。(商務部、農業部)加強鮮活農產品標準體系、動植物檢疫體系、安全追溯體系、質量保障與安全監管體系建設，大力發展農產品冷鏈基礎設施。(質檢總局、發展改革委、商務部、農業部、食品藥品監管總局)開展電子商務進農村綜合示範，推動信息進村入戶，利用「萬村千鄉」市場網路改善農村地區電子商務服務環境。(商務部、農業部)建設地理標誌產品技術標準體系和產品質量保證體系，支持利用電子商務平臺宣傳和銷售地理標誌產品，鼓勵電子商務平臺服務「一村一品」，促進品牌農產品走出去。鼓勵農業生產資料企業發展電子商務。(農業部、質檢總局、工商總局)支持林業電子商務發展，逐步建立林產品交易誠信體系、林產品和林權交易服務體系。(林業局)

（十四）創新工業生產組織方式。支持生產製造企業深化物聯網、雲計算、大數據、三維（3D）設計及打印等信息技術在生產製造各環節的應用，建立與客戶電子商務系統對接的網路製造管理系統，提高加工訂單的回應速度及柔性製造能力；面向網路消費者個性化需求，建立網路化經營管理模式，發展「以銷定產」及「個性化定制」生產方式。（工業和信息化部、科技部、商務部）鼓勵電子商務企業大力開展品牌經營，優化配置研發、設計、生產、物流等優勢資源，滿足網路消費者需求。（商務部、工商總局、質檢總局）鼓勵創意服務，探索建立生產性創新服務平臺，面向初創企業及創意群體提供設計、測試、生產、融資、營運等創新創業服務。（工業和信息化部、科技部）

（十五）推廣金融服務新工具。建設完善移動金融安全可信公共服務平臺，制定相關應用服務的政策措施，推動金融機構、電信營運商、銀行卡清算機構、支付機構、電子商務企業等加強合作，實現移動金融在電子商務領域的規模化應用；推廣應用具有硬件數字證書、採用國家密碼行政主管部門規定算法的移動智能終端，保障移動電子商務交易的安全性和真實性；制定在線支付標準規範和制度，提升電子商務在線支付的安全性，滿足電子商務交易及公共服務領域金融服務需求；鼓勵商業銀行與電子商務企業開展多元化金融服務合作，提升電子商務服務質量和效率。（人民銀行、密碼局、國家標準委）

（十六）規範網路化金融服務新產品。鼓勵證券、保險、公募基金等企業和機構依法進行網路化創新，完善互聯網保險產品審核和信息披露制度，探索建立適應互聯網證券、保險、公募基金產品銷售等互聯網金融活動的新型監管方式。（人民銀行、證監會、保監會）規範保險業電子商務平臺建設，研究制定電子商務涉及的信用保證保險的相關扶持政策，鼓勵發展小微企業信貸信用保險、個人消費履約保證保險等新業務，擴大信用保險保單融資範圍。完善在線旅遊服務企業投保辦法。（保監會、銀監會、旅遊局按職責分工分別負責）

五、完善物流基礎設施

（十七）支持物流配送終端及智慧物流平臺建設。推動跨地區跨行業的智慧物流信息平臺建設，鼓勵在法律規定範圍內發展共同配送等物流配送組織新模式。（交通運輸部、商務部、郵政局、發展改革委）支持物流（快遞）配送站、智能快件箱等物流設施建設，鼓勵社區物業、村級信息服務站（點）、便利店等提供快件派送服務。支持快遞服務網路向農村地區延伸。（地方各級人民政府，商務部、郵政局、農業部按職責分工分別負責）推進電子商務與物流快遞協同發展。（財政部、商務部、郵政局）鼓勵學校、快遞企業、第三方主體因地制宜加強合作，通過設置智能快件箱或快件收發室、委託校園郵政局所代為投遞、建立共同配送站點等方式，促進快遞進校園。（地方各級人民政府、郵政局、商務部、教育部）根據執法需求，研究推動被監管人員生活物資電子商務和智能配送。（司法部）有條件的城市應將配套建設物流（快遞）配送站、智能終端設施納入城市社區發展規劃，鼓勵電子商務企業和物流（快遞）企業對網路購物商品包裝物進行回收和循環利用。（有關部門按職責分工分別負責）

（十八）規範物流配送車輛管理。各地區要按照有關規定，推動城市配送車輛的標準化、專業化發展；制定並實施城市配送用汽車、電動三輪車等車輛管理辦法，強化城市配

送運力需求管理，保障配送車輛的便利通行；鼓勵採用清潔能源車輛開展物流（快遞）配送業務，支持充電、加氣等設施建設；合理規劃物流（快遞）配送車輛通行路線和貨物裝卸搬運地點。對物流（快遞）配送車輛採取通行證管理的城市，應明確管理部門、公開准入條件、引入社會監督。（地方各級人民政府）

（十九）合理佈局物流倉儲設施。完善倉儲建設標準體系，鼓勵現代化倉儲設施建設，加強偏遠地區倉儲設施建設。（住房城鄉建設部、公安部、發展改革委、商務部、林業局）各地區要在城鄉規劃中合理規劃佈局物流倉儲用地，在土地利用總體規劃和年度供地計劃中合理安排倉儲建設用地，引導社會資本進行倉儲設施投資建設或再利用，嚴禁擅自改變物流倉儲用地性質。（地方各級人民政府）鼓勵物流（快遞）企業發展「倉配一體化」服務。（商務部、郵政局）

六、提升對外開放水平

（二十）加強電子商務國際合作。積極發起或參與多雙邊或區域關於電子商務規則的談判和交流合作，研究建立中國與國際認可組織的互認機制，依託中國認證認可制度和體系，完善電子商務企業和商品的合格評定機制，提升國際組織和機構對中國電子商務企業和商品認證結果的認可程度，力爭國際電子商務規制制定的主動權和跨境電子商務發展的話語權。（商務部、質檢總局）

（二十一）提升跨境電子商務通關效率。積極推進跨境電子商務通關、檢驗檢疫、結匯、繳進口稅等關鍵環節「單一窗口」綜合服務體系建設，簡化與完善跨境電子商務貨物返修與退運通關流程，提高通關效率。（海關總署、財政部、稅務總局、質檢總局、外匯局）探索建立跨境電子商務貨物負面清單、風險監測制度，完善跨境電子商務貨物通關與檢驗檢疫監管模式，建立跨境電子商務及相關物流企業誠信分類管理制度，防止疫病疫情傳入、外來有害生物入侵和物種資源流失。（海關總署、質檢總局按職責分工分別負責）大力支持中國（杭州）跨境電子商務綜合試驗區先行先試，盡快形成可複製、可推廣的經驗，加快在全國範圍推廣。（商務部、發展改革委）

（二十二）推動電子商務走出去。抓緊研究制定促進跨境電子商務發展的指導意見。（商務部、發展改革委、海關總署、工業和信息化部、財政部、人民銀行、稅務總局、工商總局、質檢總局、外匯局）鼓勵國家政策性銀行在業務範圍內加大對電子商務企業境外投資併購的貸款支持，研究制定針對電子商務企業境外上市的規範管理政策。（人民銀行、證監會、商務部、發展改革委、工業和信息化部）簡化電子商務企業境外直接投資外匯登記手續，拓寬其境外直接投資外匯登記及變更登記業務辦理渠道。（外匯局）支持電子商務企業建立海外行銷渠道，創立自有品牌。各駐外機構應加大對電子商務企業走出去的服務力度。進一步開放面向港澳臺地區的電子商務市場，推動設立海峽兩岸電子商務經濟合作實驗區。鼓勵發展面向「一帶一路」沿線國家的電子商務合作，擴大跨境電子商務綜合試點，建立政府、企業、專家等各個層面的對話機制，發起和主導電子商務多邊合作。（有關部門按職責分工分別負責）

七、構築安全保障防線

（二十三）保障電子商務網路安全。電子商務企業要按照國家信息安全等級保護管理規

範和技術標準相關要求，採用安全可控的信息設備和網路安全產品，建設完善網路安全防護體系、數據資源安全管理體系和網路安全應急處置體系，鼓勵電子商務企業獲得信息安全管理體系認證，提高自身信息安全管理水平。鼓勵電子商務企業加強與網路安全專業服務機構、相關管理部門的合作，共享網路安全威脅預警信息，消除網路安全隱患，共同防範網路攻擊破壞、竊取公民個人信息等違法犯罪活動。（公安部、國家認監委、工業和信息化部、密碼局）

（二十四）確保電子商務交易安全。研究制定電子商務交易安全管理制度，明確電子商務交易各方的安全責任和義務。（工商總局、工業和信息化部、公安部）建立電子認證信任體系，促進電子認證機構數字證書交叉互認和數字證書應用的互聯互通，推廣數字證書在電子商務交易領域的應用。建立電子合同等電子交易憑證的規範管理機制，確保網路交易各方的合法權益。加強電子商務交易各方信息保護，保障電子商務消費者個人信息安全。（工業和信息化部、工商總局、密碼局等有關部門按職責分工分別負責）

（二十五）預防和打擊電子商務領域違法犯罪。電子商務企業要切實履行違禁品信息巡查清理、交易記錄及日誌留存、違法犯罪線索報告等責任和義務，加強對銷售管制商品網路商戶的資格審查和對異常交易、非法交易的監控，防範電子商務在線支付給違法犯罪活動提供洗錢等便利，並為打擊網路違法犯罪提供技術支持。加強電子商務企業與相關管理部門的協作配合，建立跨機構合作機制，加大對制售假冒偽劣商品、網路盜竊、網路詐騙、網上非法交易等違法犯罪活動的打擊力度。（公安部、工商總局、人民銀行、銀監會、工業和信息化部、商務部等有關部門按職責分工分別負責）

八、健全支撐體系

（二十六）健全法規標準體系。加快推進電子商務法立法進程，研究制定或適時修訂相關法規，明確電子票據、電子合同、電子檢驗檢疫報告和證書、各類電子交易憑證等的法律效力，作為處理相關業務的合法憑證。（有關部門按職責分工分別負責）制定適合電子商務特點的投訴管理制度，制定基於統一產品編碼的電子商務交易產品質量信息發布規範，建立電子商務糾紛解決和產品質量擔保責任機制。（工商總局、質檢總局等部門按職責分工分別負責）逐步推行電子發票和電子會計檔案，完善相關技術標準和規章制度。（稅務總局、財政部、檔案局、國家標準委）建立完善電子商務統計制度，擴大電子商務統計的覆蓋面，增強統計的及時性、真實性。（統計局、商務部）統一線上線下的商品編碼標示，完善電子商務標準規範體系，研究電子商務基礎性關鍵標準，積極主導和參與制定電子商務國際標準。（國家標準委、商務部）

（二十七）加強信用體系建設。建立健全電子商務信用信息管理制度，推動電子商務企業信用信息公開。推進人口、法人、商標和產品質量等信息資源向電子商務企業和信用服務機構開放，逐步降低查詢及利用成本。（工商總局、商務部、公安部、質檢總局等部門按職責分工分別負責）促進電子商務信用信息與社會其他領域相關信息的交換共享，推動電子商務信用評價，建立健全電子商務領域失信行為聯合懲戒機制。（發展改革委、人民銀行、工商總局、質檢總局、商務部）推動電子商務領域應用網路身分證，完善網店實名制，鼓勵發展社會化的電子商務網站可信認證服務。（公安部、工商總局、質檢總局）發展電子

商務可信交易保障公共服務，完善電子商務信用服務保障制度，推動信用調查、信用評估、信用擔保等第三方信用服務和產品在電子商務中的推廣應用。（工商總局、質檢總局）

（二十八）強化科技與教育支撐。開展電子商務基礎理論、發展規律研究。加強電子商務領域雲計算、大數據、物聯網、智能交易等核心關鍵技術研究開發。實施網路定制服務、網路平臺服務、網路交易服務、網路貿易服務、網路交易保障服務技術研發與應用示範工程。強化產學研結合的企業技術中心、工程技術中心、重點實驗室建設。鼓勵企業組建產學研協同創新聯盟。探索建立電子商務學科體系，引導高等院校加強電子商務學科建設和人才培養，為電子商務發展提供更多的高層次複合型專門人才。（科技部、教育部、發展改革委、商務部）建立預防網路詐騙、保障交易安全、保護個人信息等相關知識的宣傳與服務機制。（公安部、工商總局、質檢總局）

（二十九）協調推動區域電子商務發展。各地區要把電子商務列入經濟與社會發展規劃，按照國家有關區域發展規劃和對外經貿合作戰略，立足城市產業發展特點和優勢，引導各類電子商務業態和功能聚集，推動電子商務產業統籌協調、錯位發展。推動國家電子商務示範城市、示範基地建設。（有關地方人民政府）依託國家電子商務示範城市，加快開展電子商務法規政策創新和試點示範工作，為國家制定電子商務相關法規和政策提供實踐依據。加強對中西部和東北地區電子商務示範城市的支持與指導。（發展改革委、財政部、商務部、人民銀行、海關總署、稅務總局、工商總局、質檢總局等部門按照職責分工分別負責）

各地區、各部門要認真落實本意見提出的各項任務，於2015年底前研究出抬具體政策。發展改革委、中央網信辦、商務部、工業和信息化部、財政部、人力資源社會保障部、人民銀行、海關總署、稅務總局、工商總局、質檢總局等部門要完善電子商務跨部門協調工作機制，研究重大問題，加強指導和服務。有關社會機構要充分發揮自身監督作用，推動行業自律和服務創新。相關部門、社團組織及企業要解放思想，轉變觀念，密切協作，開拓創新，共同推動建立規範有序、社會共治、輻射全球的電子商務大市場，促進經濟平穩健康發展。

政策四：商務部關於促進電子商務應用的實施意見

各省、自治區、直轄市、計劃單列市及新疆生產建設兵團商務主管部門：

為進一步促進各地電子商務應用，推動中國電子商務均衡發展，針對當前電子商務發展面臨的突出問題，結合電子商務應用促進工作的實際需求，根據《關於促進信息消費擴大內需的若干意見》（國發〔2013〕32號）和《商務部「十二五」電子商務發展指導意見》（商電發〔2011〕375號）的有關要求，提出以下意見：

一、工作目標和原則

（一）工作目標

到2015年，使電子商務成為重要的社會商品和服務流通方式，電子商務交易額超過18萬億元，應用電子商務完成進出口貿易額力爭達到中國當年進出口貿易總額的10%以上，網路零售額相當於社會消費品零售總額的10%以上，中國規模以上企業應用電子商務比例

達80%以上；電子商務基礎法規和標準體系進一步完善，應用促進的政策環境基本形成，協同、高效的電子商務管理與服務體制基本建立；電子商務支撐服務環境滿足電子商務快速發展需求，電子商務服務業實現規模化、產業化、規範化發展。

（二）工作原則

1. 市場主導、政府推動。堅持以市場為導向，以企業為主體，運用市場機制優化資源配置，制訂本地區電子商務發展政策，綜合運用政策、服務、資金等手段完善電子商務應用發展環境。

2. 重點扶持、平衡促進。全面拓展電子商務應用，重點發展零售、跨境貿易、農產品和生活服務領域電子商務，重點扶持中西部地區應用電子商務，促進中國電子商務在區域和行業領域的均衡發展。

3. 典型示範、引導發展。以典型城市、基地、企業為主體建立電子商務試點示範體系，發揮示範帶動作用，引導行業發展方向。

二、重點任務

（一）引導網路零售健康快速發展

引導網路零售企業優化供應鏈管理、提升客戶消費體驗，支持網路零售服務平臺進一步拓展覆蓋範圍、創新服務模式；支持百貨商場、連鎖企業、專業市場等傳統流通企業依託線下資源優勢開展電子商務，實現線上線下資源互補和應用協同；組織網路零售企業及傳統流通企業開展以促進網路消費為目的的各類網路購物推介活動。

（二）加強農村和農產品電子商務應用體系建設

1. 結合農村和農產品現代流通體系建設，在農村地區和農產品流通領域推廣電子商務應用；加強農村地區電子商務普及培訓；引導社會性資金和電子商務平臺企業加大在農產品電子商務中的投入；支持農產品電子商務平臺建設。

2. 深化與全國黨員遠程教育系統合作，深入開展農村商務信息服務。完善商務部新農村商網功能，建設「全國農產品商務信息公共服務平臺」，實現農產品購銷常態化對接。探索農產品網上交易，培育農產品電子商務龍頭企業。

3. 融合涉農電子商務企業、農產品批發市場等線下資源，拓展農產品網上銷售渠道。鼓勵傳統農產品批發市場開展包括電子商務在內的多形式電子交易；探索和鼓勵發展農產品網路拍賣；鼓勵電子商務企業與傳統農產品批發、零售企業對接，引導電子商務平臺及時發布農產品信息，促進產銷銜接；推動涉農電子商務企業開展農產品品牌化、標準化經營。

（三）支持城市社區電子商務應用體系建設

支持建設城市家政服務網路公共服務平臺，整合各類家政服務資源，面向社區居民提供供需對接服務；鼓勵和支持服務百姓日常生活的電子商務平臺建設，功能涵蓋居家生活所需的各類服務，如購物、餐飲、家政、維修、仲介、配送等；鼓勵大型餐飲企業、住宿企業和第三方服務機構建立網上訂餐、訂房服務系統，完善餐飲及住宿行業服務應用體系。

（四）推動跨境電子商務創新應用

1. 各地要積極推進跨境電子商務創新發展，努力提升跨境電子商務對外貿易規模和水

平。對生產企業和外貿企業，特別是中小企業利用跨境電子商務開展對外貿易提供必要的政策和資金支持。鼓勵多種模式跨境電子商務發展，配合國家有關部門盡快落實《國務院辦公廳轉發商務部等部門關於實施支持跨境電子商務零售出口有關政策的意見》（國辦發〔2013〕89號），探索發展跨境電子商務企業對企業（B2B）進出口和個人從境外企業零售進口（B2C）等模式。加快跨境電子商務物流、支付、監管、誠信等配套體系建設。

2. 鼓勵電子商務企業「走出去」。支持境內電子商務服務企業（包括第三方電子商務平臺、融資擔保、物流配送等各類服務企業）「走出去」，在境外設立服務機構，完善倉儲物流、客戶服務體系建設，與境外電子商務服務企業實現戰略合作等；支持境內電子商務企業建立海外行銷渠道，壓縮渠道成本，創立自有品牌。

3. 支持區域跨境（邊貿）電子商務發展。支持邊境地區選取重點貿易領域建立面向周邊國家的電子商務貿易服務平臺；引導和支持電子商務平臺企業在邊境地區設立專業平臺，服務邊境貿易。

（五）加強中西部地區電子商務應用

中西部地區可因地制宜，通過加強與電子商務平臺合作，整合政府公共服務和市場服務資源，創新電子商務應用與公共服務模式，引導企業電子商務應用。加強電子商務企業和人才引進，加強電子商務宣傳，開展電子商務人才培養；重點結合本地區特色產業發展需求，發展行業領域電子商務應用；吸引和支持優秀電子商務企業到中西部地區設立區域營運中心、物流基地、客服中心等分支機構；與電子商務平臺企業對接銷售中西部特色商品。

（六）鼓勵中小企業電子商務應用

引導中小企業利用信息技術提高管理、行銷和服務水平；鼓勵中小企業利用電子商務平臺開展網路行銷，開拓境內外市場；鼓勵中小企業在電子商務平臺上開展聯合採購，降低流通成本；支持第三方電子商務平臺發展，帶動中小企業電子商務應用；支持電子商務領域金融服務創新，拓寬中小企業融資渠道；扶持面向中小企業的公共服務平臺和服務機構，加強對小企業應用電子商務的技術支持和人才培訓服務。

（七）鼓勵特色領域和大宗商品現貨市場電子交易

鼓勵通過電子商務手段開展再生資源回收、舊貨流通、拍賣交易、邊境貿易等領域電子商務應用。鼓勵大宗商品現貨市場電子交易經營主體進一步完善相關信息系統，研究制訂商品價格指數、電子合同及電子倉單標準、供應鏈協同標準、營運模式規範，增強市場價格指導能力、供應鏈協同能力和現貨交易服務能力，促進中國大宗商品現貨市場電子交易的規範化發展。

（八）加強電子商務物流配送基礎設施建設

各地要按照國家加快流通產業發展的總體要求，規劃本地區電子商務物流，推進城市物流配送倉儲用地、配送車輛管理等方面的政策出拾，推動構建與電子商務發展相適應的物流配送體系。開展電子商務城市共同配送服務試點，逐步建立完善適應電子商務發展需求的城市物流配送體系。

（九）扶持電子商務支撐及衍生服務發展

鼓勵電子支付、倉儲物流、信用服務、安全認證等電子商務支撐服務企業開展技術和

服務模式創新，建立和完善電子商務服務產業鏈條；發揮服務外包對電子商務的促進作用，發展業務流程外包服務和信息技術外包服務，如設計服務、財務服務、營運服務、銷售服務、行銷服務、諮詢服務、網路建站和信息系統服務等。

（十）促進電子商務示範工作深入開展

國家電子商務示範城市要深入推進創建工作，落實各項工作任務，結合商務領域應用需求，大力推進項目試點，開展政策先行先試。國家電子商務示範基地要發揮電子商務產業集聚優勢，創新公共服務模式，建設和完善面向電子商務企業的公共服務平臺，搭建完整的電子商務產業鏈條，提高區域經濟核心競爭力，要按照中央財政資金管理的相關規定，做好財政支持項目的組織實施。培育一批網路購物平臺、行業電子商務平臺和電子商務應用骨幹企業，發揮其在模式創新、資源整合、帶動產業鏈等方面的引導作用，結合電子商務統計、監測、信用體系建設推進電子商務示範企業建設。各地應按照國家電子商務示範城市、示範基地、示範企業的有關要求，積極開展本地電子商務示範體系的建設。

三、保障措施

（一）建立健全協調保障機制

各地要高度重視電子商務工作，提高思想認識，落實電子商務工作職能，把電子商務作為商務工作的重要抓手；建立完善本地區跨部門電子商務工作協作機制，發揮商務主管部門對電子商務發展的協調指導作用，主動與相關部門溝通、協調；加強與商務部的聯繫，建立中央與地方的工作互動機制。

（二）完善電子商務政策、法規體系建設

各地要加快完善地方電子商務政策體系，結合本地區實際，針對電子商務面臨的突出問題，從促進電子商務產業發展的角度，先行先試出抬本地區電子商務法規政策，配合國家有關部門促進電子商務立法工作。

（三）落實政策配套措施

各地要結合落實國家流通產業的相關政策，充分運用中央財政資金，加大對電子商務發展的支持力度。

各地可根據本地區電子商務發展的具體情況，安排專項資金用於推動電子商務發展，選擇重點領域進行突破。

各地應加快建立促進電子商務發展的多元化、多渠道投融資體制，充分發揮企業的主體作用，吸引更多民間資本進入電子商務領域。支持金融機構和社會資本投資電子商務項目。

（四）加強電子商務統計監測及信用體系建設

各地要根據國家關於電子商務統計報表制度，依託商務部電子商務信息管理分析系統，組織本地區電子商務企業及時填報數據，做好統計工作；參照國家統一標準推動建立本地區電子商務統計報表制度，開展地方電子商務統計及重點企業監測；利用電子商務交易平臺信用數據和社會信用數據，建設地方電子商務信用信息基礎數據庫，建立數據共享和應用機制，積極培育面向電子商務的第三方信用服務業。

（五）組織開展電子商務研究和人才培訓

各地要以國家電子商務人才繼續教育基地為依託，推動建立地方電子商務繼續教育分

基地，組織開展電子商務緊缺人才、高端人才和專業技能人才的培養。鼓勵行業組織、專業培訓機構和企業，開展電子商務人才培訓及崗位能力培訓。建立電子商務專家諮詢機制，發揮電子商務專家的指導與諮詢作用。有條件的地方可設立電子商務研究機構，整合產學研資源，開展電子商務發展的現狀、問題、趨勢專題研究，提出促進與規範電子商務的措施建議。

（六）培育行業組織加強行業自律。

各地應加強對電子商務行業組織的培育，充分發揮各級電子商務協會、學會、產業聯盟等仲介組織作用，配合政府部門落實電子商務政策和規劃。鼓勵仲介組織制訂行業規章、行業標準，加強行業自律。

（七）加強領導抓好落實。

各地要結合本地區實際，因地制宜，制訂具體實施辦法、工作行動計劃、細化工作目標，確保各項任務落實到位。

各地要建立和完善重點工作聯繫機制和考核機制，加強監督檢查，及時解決工作中的各類問題，並向商務部報告相關情況；做好跟蹤、總結、交流和宣傳工作，保證各項工作取得實效。

政策五：電子商務物流服務規範

1 範圍

本標準規定了電子商務物流服務的服務能力、服務要求和作業要求。

本標準適用於提供電子商務物流服務的組織以及相關主體，提供大宗商品電子商務物流服務的組織可參照執行。本標準也可作為電子商務交易平臺或商戶對第三方物流服務進行選擇、規範和管理的參考依據。

本標準不適用於跨境物流、冷鏈物流和醫藥物流服務。

2 規範性引用文件

下列文件對於本書件的應用是必不可少的。凡是註日期的引用文件，僅所註日期的版本適用於本書件。凡是不註日期的引用文件，其最新版本（包括所有的修改單）適用於本書件。

GB/T 18768 數碼倉庫應用系統規範

GB/T 22239 信息安全技術 信息系統安全等級保護基本要求

GB/T 22263 物流公共信息平臺應用開發指南

GB/T 26772 運輸與倉儲業務數據交換應用規範

GB/T 27917 快遞服務

SB/T11068-2013 網路零售倉儲作業規範

JT/T 919.1-2014 交通運輸物流信息交換 第1部分：數據元

JT/T 919.2-2014 交通運輸物流信息交換 第2部分：道路運輸電子單證

YZ/T 0131 快件跟蹤查詢信息服務規範

YZ/T0130 快遞服務與電子商務信息交換標準化指南

YZ/T 0064 快遞運

3 術語和定義

3.1
電子商務物流 electronic commerce logistics
為電子商務提供運輸、存儲、裝卸、搬運、包裝、流通加工、配送、代收貨款、信息處理、退換貨等服務的活動。

3.2
電子商務物流服務組織 electronic commerce logistics organization
提供電子商務物流服務並依法取得相應資質的組織。
註：電子商務物流組織既可以提供物流一體化服務，也可以僅提供其中部分環節的服務。

4 總則

4.1 電子商務物流服務組織應遵循安全、準確、按時、方便的原則，為電子商務平臺、商家、消費者提供高效滿意的服務。

4.2 電子商務物流服務在執行本標準時，如服務合同約定的條款高於本標準，以服務合同約定為準。

4.3 電子商務物流服務組織應樹立高效、環保理念，提高資源利用率，達到環保要求。

4.4 電子商務物流服務組織應遵循信息安全原則，積極採用信息化手段，提高信息化水平。

4.5 鼓勵電子商務物流服務組織進行模式、業務和技術創新，申報知識產權和專利，並享受相關法律保護。

5 服務能力

5.1 經營場所

5.1.1 倉儲場所
應選擇交通便利、配套設施完善的場所作為倉儲場所。
所設置的倉儲場所應滿足以下要求：
——配備符合國家標準的消防設施和器材；
——場所封閉，符合商品存儲需求，並且有應急通道；
——配備全面覆蓋、高清晰度的監控設備；
——對庫區進行合理分區，規劃合理的機動車和非機動車通道；
——宜有標準裝卸貨平臺和車輛中轉場地；
——應參考 GB/T 18768 配備信息化系統，進行信息化管理。

5.1.2 分揀處理場所
應根據業務量、業務開通區域等因素合理設置分揀處理場所。所設置的分揀處理場所

應滿足以下要求：

——封閉，且面積適宜；

——配備相應的符合國家標準的處理設備、監控設備和消防設施；

——對分揀處理場所進行合理分區，並設置異常貨物處理區；

——保持整潔，並懸掛組織標示。

5.1.3 配送場所

配送場所應滿足以下要求：

——按照所在區域的企業及商業設施分佈情況，以及人口結構、收入水平、消費習慣和用戶需求等因素設置場所，應確保不擾民；

——配備符合國家標準的消防設施與器材；

——具備輻射周邊區域的配送能力；

——具備獨立的貨物存儲區、異常貨物保存區、可設置獨立的充電區域、車輛停靠區域；

——配備全面覆蓋的監控設備；

——有開放的窗口供消費者自提；

——懸掛經營許可資質和明顯的組織標示。

5.2 設施設備配置

應配備與開辦業務範圍相適應的設施、設備，並應定期維護更新。

宜配備以下標準化的設施設備：

——運輸設備：包括幹線運輸車輛、配送機動車、電動三輪車等車輛；屬於特種車輛的，駕駛人員應具有上崗證；

——計量設備：包括計量計拋器具等；

——存儲設備：包括貨架、托盤等；

——信息採集：包括無線掃描槍、智能終端等信息採集與操作輔助設備；

——安檢設備：包括金屬探測儀、微劑量 X 射線安全檢查設備等；

——監控設備：包括攝像頭、錄像機、監控主機等；

——辦公設備：包括電腦、打印機、針式打印機等；

——配送設備：包括手持終端、POS 終端等；

——分揀設備：包括傳送帶、自動分揀設備等；

——其他設備。

5.3 信息系統

5.3.1 功能與基本要求

5.3.1.1 信息管理系統

應建立用於內部業務管理的信息管理系統，且應滿足以下要求：

——根據業務需求，包括訂單管理、狀態與路由查詢、財務系統、逆向物流、倉儲管理、運輸管理、消費者投訴管理等系統功能；

——具備系統推送或以其他線上方式提供基本信息以及接收信息的能力。

應按照 YZ/T 0131 的要求，對服務流程重點環節產生的信息進行及時有效地記錄、處

理、更新、維護、確保信息安全，便於在組織經營管理、對外服務過程中，對信息進行查詢、分析和追溯。

5.3.1.2　信息服務平臺

應利用信息管理系統的信息資源，建立滿足消費者需求的開放服務平臺，具體要求包括但不限於：

——應具有為企業客戶、消費者及有關人員提供包括帳戶管理、訂單查詢、物流追蹤、投訴等基礎服務的能力；

——服務平臺的建設應遵循 GB/T 22263 等相關平臺建設標準與協議。

5.3.2　數據交換

電子商務物流供應鏈上下游宜進行信息系統對接和數據交換，數據交換應符合 JT/T 919.1、JT/T 919.2、YZ/T 0130 和 GB/T 26772 等標準的要求。

5.3.3　信息系統安全

應採取有效措施保證信息管理系統安全，包括但不限於：

——應制定相關的管理制度確保消費者信息數據的安全；

——應配備保護網路安全和預防網路風險的設備；

——涉及消費者的數據應保存 1 年以上，行業有相關法律法規或標準的，按法律法規或標準執行；

——除依法配合司法機關外，不能將涉及消費者的數據泄露給第三方，遇異常情況應及時上報處理並通知消費者；

——宜明示信息系統安全等級，安全等級保護應符合 GB/T 22239 的相關要求。

5.4　合同與單據

5.4.1　基本要求

應制定相關管理辦法，對物流服務全過程中產生的合同與單據進行存儲。涉及消費者的合同和單據保存期限不低於 3 個月；有保質更換保修等約定的，保存期限不低於約定期；行業有相關法律法規或標準的，按法律法規或標準執行。

合同和單據不應丟失或信息外泄，應有統一銷毀的管理制度和週期。

5.4.2　服務合同

服務合同應符合以下要求：

——應符合法律規定，體現公平、公正的原則，文字表述應真實、完整、易懂；

——可採取書面形式或符合《電子簽名法》要求的電子合同形式簽訂；

——電子商務與電子商務物流服務組織的合同內容包括但不限於以下：

a）服務內容與範圍；

b）服務要求，例如服務時限、倉儲驗收標準等；

c）服務費用計算規則；

d）結算週期、方式與例外說明，涉及代收貨款服務的應明確返款的週期與要求；

e）理賠規則；

f）適用期限；

g）違約責任。

面向普通消費者的服務合同,如採用格式合同的,應按照 YZ/T 0064 的相關要求執行。

5.5 服務費用

電子商務物流服務費用包括基本服務費、保險或保價費、退換貨服務費、增值服務費等。

應制定明確統一的服務計費規則並在提供服務前告知顧客,服務費用的制定應按照《中華人民共和國價格法》的規定,遵循公平、合法、誠實、信用的原則。

財務憑證應該具有結算明細清單及發票(包括符合規定的電子發票)。

6 作業要求

6.1 倉儲作業

6.1.1 入庫

6.1.1.1 入庫準備

電子商務物流服務組織應根據商戶或電子商務交易平臺入庫通知進行入庫前準備,準備的內容包括庫位、人員、設備及作業憑證等。

6.1.1.2 貨物接收

貨物到達後,電子商務物流服務組織應進行單據核對。

核對無誤後,電子商務物流服務組織應進行驗貨,貨物驗收應滿足以下要求:

——驗收範圍為貨物品名、數量和外觀,驗收標準應與商戶或電子商務交易平臺協商並通過合同確定;

——發現差異的應在 48h 內反饋。

6.1.1.3 貨物加工

電子商務物流服務組織可提供貨物組配、塑封、包裝、貼碼等預處理的增值服務。其中,貼碼應符合相關國家標準。

對於雙方約定提供加工服務的,電子商務物流服務組織應按約定對貨物進行加工。

6.1.1.4 貨物入庫

電子商務物流服務組織應根據實物信息和貨位分配信息進行入庫作業,以保證貨物和系統信息一致。

6.1.2 庫存管理

6.1.2.1 庫存管理及儲存要求

電子商務物流服務組織應對其庫存及存儲場地進行有效合理的管理:

——庫存與倉儲管理過程中各環節的操作應遵守倉儲的相關要求;

——貨物的存放應考慮出庫的方便與高效、查詢方便、貨物的安全等,應借助信息化、大數據手段進行管理,對於批次多、批量大的商品優先配置;

——對存儲的貨物,制定相應的保管措施,實施持續管理。

6.1.2.2 貨物的堆碼與存放

貨物的堆碼應滿足以下要求:

——應合理、安全、整齊、低耗、不阻擋標籤,便於檢查和盤點,並可有效利用倉庫容量;

——應遵循適合貨物的堆存方式、堆存限制，便於貨物搬運和養護；
——應符合貨物理化性質要求，防止交叉污染。
應按貨物性質分類別存放，對貨位編號，將編號置於明顯位置，或採取信息化手段，以便貨物進出。

6.1.2.3 貨物的盤點

電子商務物流服務組織應該建立定期盤點的機制。有條件的企業可實施即時盤點。

6.1.3 出庫

6.1.3.1 揀貨

電子商務物流服務組織在接收商戶或電子商務交易平臺訂單信息後，應及時進行揀貨。

電子商務物流服務組織應採用適合業務需求的自動分揀系統、智能終端等輔助工具，提高工作效率和準確性。在揀貨同時或完成揀貨後，應將採集揀貨操作信息並反饋至信息系統。

6.1.3.2 驗貨

對完成揀貨後的貨物，電子商務物流服務組織應進行驗貨：
——掃描驗貨：即利用信息系統、通過掃描的條碼信息，判定其與電子商務訂單信息、裝箱信息等是否相符；
——人工驗貨：即由工作人員核對貨物信息與出庫憑證及相關單證的內容，記錄相關信息與責任人。

6.1.3.3 封裝

電子商務物流服務組織應採用合適的包裝材料對貨物進行封裝，並張貼編碼，鼓勵採用與供應鏈上下游企業銜接一致、並符合相關國家標準的編碼。

鼓勵在封裝時採用環保、可循環使用的材料，採用與標準托盤等設備匹配的包裝尺寸模數。

封裝時應防止：
——變形、破裂；
——傷害顧客、配送服務人員或其他人；
——污染或損毀其他貨物。

封裝完成後，應在外包裝粘貼貨物的配送單或運單，並根據商品特性應粘貼明顯的識別標示。

易損貨物、危化品等特殊商品的封裝，應按相關要求在外包裝上粘貼標示。

6.1.3.4 發運

貨物交接給下一環節或第三方物流時，應採集訂單信息並反饋至信息系統，同時宜形成紙質的交接單據存檔；貨物交接應在有監控設備的區域中進行。

發運的貨物應符合國家關於安全和禁限寄物品的相關規定。

6.1.3.5 風險控制

在整個倉儲服務過程中，應始終關注物品的安全，如防火、防盜、防潮、防霉變、防鼠蟲害、防損壞、防腐蝕、防污染等。

應對自然災害、環境因素、人為因素等可能造成貨物損壞的其他潛在風險進行分析、識別，並依據潛在風險的類型制定相應的應急預案。

風險發生時，應採取相應的應急預案，使風險得到有效控制。

6.2 中轉作業

分揀處理場所內應有場地規劃標示，包含場地燈光、預估溫度、場地路面、現場路線、通道等，應保障車輛及其他運行工具暢通。

電子商務物流服務組織應充分考慮業務需求、時效、場地利用率合理規劃中轉批次，應確保準確中轉。

轉運時 3kg 以內貨物（含）宜做裝籠、包等集裝容器以提高安全性和操作效率，不規則或超過 60cm 貨物可單獨裝車。

貨物碼放應遵循「重不壓輕、大不壓小、分類碼放」原則。

6.3 運輸作業

6.3.1 裝卸

裝卸應滿足以下要求：
——應根據運輸工具限制要求進行裝載，不應超出運輸工具限制對貨物進行配載；
——貨物進行裝卸時，應做到重不壓輕、大不壓小、分類碼放，保證貨物安全；鼓勵對貨物進行單元化裝卸；
——應按貨物包裝上的標誌要求進行作業，無標誌要求的以不損壞貨物外包裝和使用價值為基礎進行裝卸；
——大件貨物的裝卸，應使用裝卸工具，避免野蠻裝卸。

6.3.2 運輸到達

應根據合同條款約定的時間、地點準確將貨物送達，貨損、貨差應控制在合同約定的允許範圍值內。

應對貨物裝、卸車環節進行品類、數量核對，並做好交接手續，及時、準確填製運輸與配送憑證，相關交接單據、憑證需保存備查。

收貨時，承運人應核對收貨方身分，若非本人收貨，代收人應持原收貨方提供的具有法律效力的委託函進行代收，同時承運人應在簽收回執上記錄代收人的有效證件號。

6.3.3 異常處理

貨物在運輸途中發生盜搶，應在事件發生時立即向公安機關和保險機構報案並做好備案登記。

貨物在運輸過程中，如遇車輛故障，應及時報備並採取相應措施確保貨物及時抵達。

在運輸配送過程中出現收貨方拒收或配送失敗時，配送人員應在配送單或運單上註明原因，並由電子商務物流服務組織聯繫發貨人確認貨物配送信息。

6.3.4 全程監控

電子商務物流服務組織通過衛星定位監控平臺或者監控終端，及時糾正和處理超速行駛、疲勞駕駛、不按規定線路行駛等行為。監控數據應至少保存 3 個月，違法駕駛信息及處理情況應當至少保存 3 年。

6.4 末端配送作業

6.4.1 形式

末端配送形式主要包括自取、按名址面交、共同配送等形式。

6.4.2 自取

對於合同約定自取的貨物，電子商務物流服務組織應：

——及時通知收貨人自取時間；

——按合同約定或運單規定提供自取驗貨服務

——驗貨無異議後，由收貨人簽字確認。

6.4.3 按名址面交

6.4.3.1 投遞時間

電子商務物流服務組織投遞應不超出向消費者承諾的服務時限。

6.4.3.2 投遞次數

電子商務物流服務組織應對貨物提供至少 2 次免費投遞。

投遞 2 次未能投交的貨物，消費者仍需要電子商務物流服務組織投遞的，電子商務物流服務組織可收取額外費用，但應事先告知消費者收費標準。

6.4.3.3 簽收

6.4.3.3.1 驗收

電子商務物流服務組織應按照國家有關規定，與商戶或電子商務交易平臺簽訂合同，明確電子商務物流服務組織與商戶或電子商務交易平臺在配送驗收環節的權利義務關係，並提供符合合同要求的驗收服務；商戶或電子商務交易平臺應當將驗收的具體程序等要求以適當的方式告知消費者，電子商務物流服務組織在配送時也可予以提示；驗收無異議後，由消費者簽字確認。

國家相關部門對驗收另有規定的，從其規定。

6.4.3.3.2 代收

若消費者本人無法簽收時，經消費者允許，可由其他人代為簽收。代收時，配送人員應核實代收人身分，並告知代收人代收責任。

6.4.3.3.3 例外情況

在驗收過程中，若發現貨物損壞等異常情況，配送人員應在相關單據上註明情況，並由消費者和配送人員共同簽字。

6.4.3.3.4 費用收取

除代收貨款外，消費者（代收人）支付費用後，電子商務物流服務組織應根據事先約定，提供收費憑證。

6.4.4 共同配送

電子商務物流服務組織應與共同配送中心簽訂協議，明確雙方在投遞時效、快件保管、驗收、費用支付、快件安全、信息安全等方面的權利和義務。

電子商務物流服務組織應與共同配送中心信息系統聯網，及時獲取服務信息。

6.5 退換貨作業

6.5.1 基本要求

電子商務物流服務組織應與商戶或電子商務交易平臺提前約定服務時效、退換貨增值服務費用標準等合同條款。

商戶或電子商務交易平臺選擇退貨、換貨配送服務時應該表明貨物回收的要求與標準，

包括但不限於：回收貨品的名稱、型號、顏色、數量或其他具有唯一性的識別碼。

物流信息應與商戶或電子商務交易平臺訂單信息進行匹配。

6.5.2 收取退貨

商戶或電子商務交易平臺應通知消費者具體上門收取退貨的服務信息。

配送人員及時聯繫消費者，核對擬回收貨品的名稱、型號、顏色、數量等相關信息，預約上門回收貨物時間，提醒消費者提前準備好貨物。

配送人員按照商戶或電子商務交易平臺的要求驗收貨物，確認無誤後方可收貨。收貨後，消費者應在驗收單上簽字確認。

6.5.3 返倉入庫

配送網點整理退回的貨物後，應將信息發送給倉庫，預約時間入庫。

倉庫應與配送網點進行核對，與商戶或電子商務交易平臺進行信息核對。

6.5.4 異常處理

出現以下情形時應及時告知商戶或電子商務交易平臺，由商戶或電子商務交易平臺與消費者溝通確認後再上門收取退貨貨物：

——消費者拒絕返回貨物；

——退貨貨物不符合驗收要求時；

——當無法聯繫換貨消費者，換貨消費者不提供原始貨物，原始貨物不符合驗收要求等異常情況時；

——其他情況。

7 服務要求

7.1 電子商務交易平臺

在電子商務物流服務中，電子商務交易平臺應：

——建立評價和管理體系，遴選合格的物流服務組織作為平臺服務提供商；

——要求並監督商戶公示物流服務承諾；

——針對商戶、物流服務組織、消費者存在分歧的投訴，統一進行調解和處理。

7.2 商戶

在電子商務物流活動中，商戶應：

——按照5.4.2的要求，與電子商務物流服務組織簽訂合同，並將合同中涉及消費者權益的內容，以適當的方式告知消費者；

——接受消費者訂單後，按訂單信息及時精準發貨；所發運的貨物應與訂單信息一致，應符合國家關於安全和禁限寄物品的相關規定；發運時間以實物交接到電子商務物流服務組織為依據；

——負責處理貨物真偽、產品質量等非物流原因導致的投訴。

7.3 電子商務物流服務組織

7.3.1 服務時限

如電子商務物流服務組織與商戶或電子商務交易平臺約定服務時限，應按約定執行。

如無約定，按以下要求執行：

———商戶下單後，電子商務物流服務組織應於 30min 內約定回應時間；
——電子商務物流服務組織中的快遞企業應該按照 GB/T 27917 快遞服務標準的時效提供服務。

7.3.2 服務安全

電子商務物流服務組織應採取有效措施，保障服務安全：
——對商戶或電子商務交易平臺交付的貨物進行驗貨，不應接收違反有關國家法律法規要求的貨物；
——採用合適的包裝材料對貨物進行包裝，防止貨物變形、破裂；
——對重點作業場所的作業過程進行全程監控；
——針對所有交接環節，建立交接核查制度，並做好相關記錄；
——在服務全過程，不準許無關人員接觸貨物；對於異常貨物，需要進行開拆、重新包裝等處理的，應由 2 人以上共同處理；
——在整個物流服務過程中，始終關注物品的安全，如防火、防盜、防潮、防霉變、防鼠蟲害、防損壞、防腐蝕、防污染等。

7.3.3 服務人員

電子商務物流服務組織服務人員：
——宜統一穿著具有組織標示的服裝，並佩戴工號牌或胸卡，衣著整潔；
——應友善對待客戶，行為文明、舉止大方，與消費者的溝通親切友好；
——應瞭解服務內容、服務流程等，及時熱情耐心地為顧客答疑解惑，做到有問必答；
——應嚴格執行各項業務操作規程，按制度規定進行操作，在作業全過程杜絕野蠻操作。

7.3.4 服務質量

7.3.4.1 倉儲

倉儲服務質量應滿足以下要求：
——收貨及時率：（約定時間內實際收貨的商品數量÷實際到貨的商品數量）×100% ≥95%；
——發貨及時率：（約定時間內及時發貨訂單量÷總訂單數量）×100%≥98%；
——庫存準確率：（1-帳實不符的商品量÷庫存總商品量）×100%≥99.5%；
——庫存損耗率：（商品損耗量÷庫存總商品量）×100%≤0.1%。

7.3.4.2 配送

電子商務物流服務配送服務質量應滿足以下要求：
——妥投率：（成功配送訂單量÷配送總訂單量）×100% ≥95%；
——配送及時率：（約定時間內成功配送訂單量÷配送總訂單量）×100%≥90%；
——遺失率：（遺失訂單量÷配送總訂單量）×100%≤0.02%；
——破損率：（破損訂單量÷配送總訂單量）×100%≤0.05%；
——消費者投訴率：（有效投訴訂單量÷配送總訂單量）×100%≤0.2%。

7.3.5 投訴

7.3.5.1 投訴受理

電子商務物流服務組織應提供消費者投訴的渠道，主要包括互聯網、電話、信函等

形式。

投訴有效期為1年。

7.3.5.2 投訴處理時限

投訴處理時限應不超過30個日曆天,與投訴人有特殊約定除外。

7.3.6 投訴處理

電子商務物流服務組織應對投訴信息進行分析,提出處理方案,制定補救措施,按服務承諾及時處理。

投訴處理完畢,電子商務物流服務組織應在處理時限內及時將處理結果告知投訴人。

若投訴人對處理結果不滿意,應告知其他可用的處理方式。

7.3.7 賠償

7.3.7.1 基本要求

電子商務物流服務組織應與商戶或電子商務交易平臺約定理賠規則,包括賠償範圍、免責條件、賠償標準、保險或保價等事項,並按約定進行賠償。

如未進行規定或規定未能覆蓋,按以下要求執行:

——賠償對象:發貨人或發貨人指定受益人;

——賠償範圍:由於電子商務物流組織原因造成貨物毀損、丟失的,其中免責條件見6.3.6.2;

——賠償處理時限:24h內答覆索賠人是否受理;30個工作日內處理消費者理賠;

——賠償標準:保價貨物發生丟失或全部損毀,原則上按保價金額賠償。

理賠事件結束後,電子商務物流服務組織應做好理賠資料的歸檔保存工作。

7.3.7.2 免賠情況

出現以下情況,電子商務物流服務組織可不予賠付:

——由於不可抗力原因造成損失的。不可抗力是指不能預見、不能避免並不能克服的客觀情況。通常包括兩種情況:

a) 自然原因引起的,如水災、旱災、暴風雪、地震等;

b) 社會原因引起的,如戰爭、罷工、政府禁令等;

——由於消費者的責任(發貨人、消費者的過錯)或者所寄貨物本身的原因(如:貨物自然性質、內在缺陷或合理損耗),造成貨物損失的;

——貨物違反禁寄或限寄規定,經國家主管機關沒收或依照有關法規處理的;

——發貨時已與消費者達成相關特殊約定,並有書面憑證不予賠償的。

附錄2 農村電子商務扶持政策

政策一:國務院辦公廳關於促進農村電子商務加快發展的指導意見

各省、自治區、直轄市人民政府,國務院各部委、各直屬機構:

農村電子商務是轉變農業發展方式的重要手段,是精準扶貧的重要載體。通過大眾創業、萬眾創新,發揮市場機制作用,加快農村電子商務發展,把實體店與電子商務有機結

合，使實體經濟與互聯網產生疊加效應，有利於促消費、擴內需，推動農業升級、農村發展、農民增收。經國務院批准，現就促進農村電子商務加快發展提出以下意見：

一、指導思想

全面貫徹黨的十八大和十八屆三中、四中、五中全會精神，落實國務院決策部署，按照全面建成小康社會目標和新型工業化、信息化、城鎮化、農業現代化同步發展的要求，深化農村流通體制改革，創新農村商業模式，培育和壯大農村電子商務市場主體，加強基礎設施建設、完善政策環境，加快發展線上線下融合、覆蓋全程、綜合配套、安全高效、便捷實惠的現代農村商品流通和服務網路。

二、發展目標

到 2020 年，初步建成統一開放、競爭有序、誠信守法、安全可靠、綠色環保的農村電子商務市場體系，農村電子商務與農村一二三產業深度融合，在推動農民創業就業、開拓農村消費市場、帶動農村扶貧開發等方面取得明顯成效。

三、重點任務

（一）積極培育農村電子商務市場主體。充分發揮現有市場資源和第三方平臺作用，培育多元化農村電子商務市場主體，鼓勵電子商務、物流、商貿、金融、供銷、郵政、快遞等各類社會資源加強合作，構建農村購物網路平臺，實現優勢資源的對接與整合，參與農村電子商務發展。

（二）擴大電子商務在農業農村的應用。在農業生產、加工、流通等環節，加強互聯網技術應用和推廣。拓寬農產品、民俗產品、鄉村旅遊等市場，在促進工業品、農業生產資料下鄉的同時，為農產品進城拓展更大空間。加強運用電子商務大數據引導農業生產，促進農業發展方式轉變。

（三）改善農村電子商務發展環境。硬環境方面，加強農村流通基礎設施建設，提高農村寬帶普及率、加強農村公路建設、提高農村物流配送能力；軟環境方面，加強政策扶持，加強人才培養，營造良好市場環境。

四、政策措施

（一）加強政策扶持。深入開展電子商務進農村綜合示範，優先在革命老區和貧困地區實施，有關財政支持資金不得用於網路交易平臺的建設。制訂出抬農村電子商務服務規範和工作指引，指導地方開展工作。加快推進信息進村入戶工作。加快推進適應電子商務的農產品分等分級、包裝運輸標準制定和應用。把電子商務納入扶貧開發工作體系，以建檔立卡貧困村為工作重點，提升貧困戶運用電子商務創業增收的能力，鼓勵引導電子商務企業開闢革命老區和貧困地區特色農產品網上銷售平臺，與合作社、種養大戶等建立直採直供關係，增加就業和增收渠道。

（二）鼓勵和支持開拓創新。鼓勵地方、企業等因地制宜，積極探索農村電子商務新模式。開展農村電子商務創新創業大賽，調動返鄉高校畢業生、返鄉青年和農民工、大學生

村幹部、農村青年、巾幗致富帶頭人、退伍軍人等參與農村電子商務的積極性。開展農村電子商務強縣創建活動，發揮其帶動和引領作用。鼓勵供銷合作社創建農產品電子商務交易平臺。引導各類媒體加大農村電子商務宣傳力度，發掘典型案例，推廣成功經驗。

（三）大力培養農村電子商務人才。實施農村電子商務百萬英才計劃，對農民、合作社和政府人員等進行技能培訓，增強農民使用智能手機的能力，積極利用移動互聯網拓寬電子商務渠道，提升為農民提供信息服務的能力。有條件的地區可以建立專業的電子商務人才培訓基地和師資隊伍，努力培養一批既懂理論又懂業務、會經營網店、能帶頭致富的複合型人才。引導具有實踐經驗的電子商務從業者從城鎮返鄉創業，鼓勵電子商務職業經理人到農村發展。

（四）加快完善農村物流體系。加強交通運輸、商貿流通、農業、供銷、郵政等部門和單位及電子商務、快遞企業對相關農村物流服務網路和設施的共享銜接，加快完善縣鄉村農村物流體系，鼓勵多站合一、服務同網。鼓勵傳統農村商貿企業建設鄉鎮商貿中心和配送中心，發揮好郵政普遍服務的優勢，發展第三方配送和共同配送，重點支持老少邊窮地區物流設施建設，提高流通效率。加強農產品產地集配和冷鏈等設施建設。

（五）加強農村基礎設施建設。完善電信普遍服務補償機制，加快農村信息基礎設施建設和寬帶普及。促進寬帶網路提速降費，結合農村電子商務發展，持續提高農村寬帶普及率。以建制村通硬化路為重點加快農村公路建設，推進城鄉客運一體化，推動有條件的地區實施農村客運線路公交化改造。

（六）加大金融支持力度。鼓勵村級電子商務服務點、助農取款服務點相互依託建設，實現優勢互補、資源整合，提高利用效率。支持銀行業金融機構和支付機構研發適合農村特點的網上支付、手機支付、供應鏈貸款等金融產品，加強風險控制，保障客戶信息和資金安全。加大對電子商務創業農民尤其是青年農民的授信和貸款支持。簡化農村網商小額短期貸款手續。符合條件的農村網商，可按規定享受創業擔保貸款及貼息政策。

（七）營造規範有序的市場環境。加強網路市場監管，強化安全和質量要求，打擊制售假冒偽劣商品、虛假宣傳、不正當競爭和侵犯知識產權等違法行為，維護消費者合法權益，促進守法誠信經營。督促第三方平臺加強內部管理，規範主體准入，遏制「刷信用」等詐欺行為。維護公平競爭的市場秩序，推進農村電子商務誠信建設。

五、組織實施

各地區、各部門要進一步提高認識，加強組織領導和統籌協調，落實工作責任，完善工作機制，切實抓好各項政策措施的落實。

地方各級人民政府特別是縣級人民政府要結合本地實際，因地制宜制訂實施方案，出抬具體措施；充分發揮農村基層組織的帶頭作用，整合農村各類資源，積極推動農村電子商務發展。同時，加強規劃引導，防止盲目發展和低水平競爭。

各部門要明確分工，密切協作，形成合力。商務部要會同有關部門加強統籌協調、跟蹤督查、及時總結和推廣經驗，確保各項任務措施落實到位。

政策二：商務部等 19 部門關於加快發展農村電子商務的意見

各省、自治區、直轄市、計劃單列市及新疆生產建設兵團商務、發展改革、工業和信息化、財政、人力資源社會保障、交通運輸、農業、人民銀行、工商、質監（市場監督管理）、銀監、證監、保監、郵政、扶貧、供銷合作、共青團、婦聯、殘聯主管部門：

近年來，隨著互聯網的普及和農村基礎設施的完善，中國農村電子商務快速發展，農村商業模式不斷創新，服務內容不斷豐富，電子商務交易規模不斷擴大。但總體上中國農村電子商務發展仍處於起步階段，存在著市場主體發育不健全、物流配送等基礎設施滯後、發展環境不完善和人才缺乏等問題。

加快發展農村電子商務，是創新商業模式、完善農村現代市場體系的必然選擇，是轉變農業發展方式、調整農業結構的重要抓手，是增加農民收入、釋放農村消費潛力的重要舉措，是統籌城鄉發展、改善民生的客觀要求，對於進一步深化農村改革、推進農業現代化具有重要意義。根據《中共中央 國務院關於加大改革創新力度加快農業現代化建設的若干意見》（中發〔2015〕1號）和《國務院關於大力發展電子商務加快培育經濟新動力的意見》（國發〔2015〕24號）的要求，為加快推進農村電子商務發展，現提出以下意見：

一、總體要求

（一）指導思想

以鄧小平理論、「三個代表」重要思想、科學發展觀為指導，深入貫徹落實黨的十八大和十八屆三中、四中全會精神，按照全面建成小康社會目標和新型工業化、信息化、城鎮化、農業現代化同步發展的要求，主動適應經濟發展新常態，充分發揮市場在資源配置中的決定性作用，加強基礎設施建設，完善政策環境，深化農村流通體制改革，創新農村商業模式，培育和壯大農村電子商務市場主體，發展線上線下融合、覆蓋全程、綜合配套、安全高效、便捷實惠的現代農村商品流通和服務網路。

（二）基本原則

1. 市場為主、政府引導。充分發揮市場在資源配置中的決定性作用，突出企業的主體地位。加快轉變政府職能，完善政策、強化服務、搭建平臺，加強事中事後監管，依法維護經營者、消費者合法權益。為農村電子商務發展營造平等參與、公平競爭的環境，激發各類市場主體的活力。

2. 統籌規劃、創新發展。將發展農村電子商務納入區域發展戰略和新型城鎮化規劃，作為農村發展的重要引擎和產業支撐，促進城鄉互補、協調發展。以商業模式創新推動管理創新和體制創新，改造傳統商業的業務流程，提升農村流通現代化水平，促進農村一二三產業融合發展。

3. 實事求是、因地制宜。結合本地區農村經濟社會發展水平、人文環境和自然資源等基礎條件，認真研究分析，著眼長遠，理性推進。注重發揮基層自主性、積極性和創造性，因縣而異，探索適合本地農村電子商務發展的路徑和模式。

4. 以點帶面、重點突破。先行先試、集中力量解決農村電子商務發展中的突出矛盾和問題，務求實效，對老少邊窮地區要重點扶持、優先試點；總結先行地區經驗，不斷提升

示範效應，形成推廣機制。

（三）發展目標

爭取到 2020 年，在全國培育一批具有典型帶動作用的農村電子商務示範縣。電子商務在降低農村流通成本、提高農產品商品化率和農民收入、推進新型城鎮化、增加農村就業、帶動扶貧開發等方面取得明顯成效，農村流通現代化水平顯著提高，推動農村經濟社會健康快速發展。

二、提升農村電子商務應用水平

（四）建設新型農村日用消費品流通網路

適應農村產業組織變化趨勢，充分利用「萬村千鄉」、信息進村入戶、交通、郵政、供銷合作社和商貿企業等現有農村渠道資源，與電子商務平臺實現優勢互補，加強服務資源整合。推動傳統生產、經營主體轉型升級，創新商業模式，促進業務流程和組織結構的優化重組，增強產、供、銷協同能力，實現線上線下融合發展。支持電子商務企業渠道下沉。加強縣級電子商務營運中心、鄉鎮商貿中心和配送中心建設，鼓勵「萬村千鄉」等企業向村級店提供 B2B 網上商品批發和配送服務。鼓勵將具備條件的村級農家店、供銷合作社基層網點、農村郵政局所、村郵站、快遞網點、信息進村入戶村級信息服務站等改造為農村電子商務服務點，加強與農村基層綜合公共服務平臺的共享共用，推動建立覆蓋縣、鄉、村的電子商務營運網路。

（五）加快推進農村產品電子商務

以農產品、農村製品等為重點，通過加強對互聯網和大數據的應用，提升商品質量和服務水平，培育農村產品品牌，提高商品化率和電子商務交易比例，帶動農民增收。與農村和農民特點相結合，研究發展休閒農業和鄉村旅遊等個性化、體驗式的農村電子商務。指導和支持種養大戶、家庭農場、農民專業合作社、農業產業化龍頭企業等新型農業經營主體和供銷合作社、扶貧龍頭企業、涉農殘疾人扶貧基地等，對接電子商務平臺，重點推動電子商務平臺開設農業電子商務專區，降低平臺使用費用和提供互聯網金融服務等，實現「三品一標」「名特優新」「一村一品」農產品上網銷售。鼓勵有條件的農產品批發和零售市場進行網上分銷，構建與實體市場互為支撐的電子商務平臺，對標準化程度較高的農產品探索開展網上批發交易。鼓勵新型農業經營主體與城市郵政局所、快遞網點和社區直接對接，開展生鮮農產品「基地+社區直供」電子商務業務。從大型生產基地和批發商等團體用戶入手，發揮互聯網和移動終端的優勢，在農產品主產區和主銷區之間探索形成線上線下高效銜接的農產品交易模式。

（六）鼓勵發展農業生產資料電子商務

組織相關企業、合作社，依託電子商務平臺和「萬村千鄉」農資店、供銷合作社農資連鎖店、農村郵政局所、村郵站、鄉村快遞網點、信息進村入戶村級信息服務站等，提供測土配方施肥服務，並開展化肥、種子、農藥等生產資料電子商務，推動放心農資進農家，為農民提供優質、實惠、可追溯的農業生產資料。發揮農資企業和研究機構的技術優勢，將農資研發、生產、銷售與指導農業生產相結合，通過網路、手機等提供及時、專業、貼心的農業專家服務，與電子商務緊密結合，加強使用技術指導服務體系建設，宣傳、應用

和推廣農業最新科研成果。

(七) 大力發展農村服務業

按照新型城鎮化發展要求，逐步增加農村電子商務綜合服務功能，實現一網多用，縮小城鄉居民在商品和服務消費上的差距。鼓勵與服務業企業、金融機構等加強合作，提高大數據分析能力，在不斷完善農民網路購物功能的基礎上，逐步疊加手機充值、票務代購、水電氣費繳納、農產品網路銷售、小額取現、信用貸款、家電維修、養老、醫療、土地流轉等功能，進一步提高農村生產、生活服務水平。與城市社區電子商務系統有機結合，實現城鄉互補和融合發展。

(八) 提高電子商務扶貧開發水平

按照精準扶貧、精準脫貧的原則，創新扶貧開發工作機制，把電子商務納入扶貧開發工作體系。積極推進電子商務扶貧工程，密切配合，形成合力，瞄準建檔立卡貧困村，覆蓋建檔立卡貧困戶。鼓勵引導易地扶貧搬遷安置區和搬遷人口發展電子商務。提升貧困地區交通物流、網路通信等發展水平，增強貧困地區利用電子商務創業、就業能力，推動貧困地區特色農副產品、旅遊產品銷售，增加貧困戶收入。鼓勵引導電子商務企業開闢貧困老區特色農產品網上銷售平臺，與合作社、種養大戶建立直採直供關係。到2020年，對有條件的建檔立卡貧困村實現電子商務扶貧全覆蓋。

三、培育多元化農村電子商務市場主體

(九) 鼓勵各類資本發展農村電子商務

支持電子商務、物流、商貿、金融、郵政、快遞等各類社會資本加強合作，實現優勢資源的對接與整合，參與農村電子商務發展。加快實施「快遞下鄉」工程，支持快遞企業「向下」「向西」發展。支持第三方電子商務平臺創新和拓展涉農電子商務業務。引導涉農信息發布平臺向在線交易和電子商務平臺轉型，提升服務功能。

(十) 積極培育農村電子商務服務企業

引導電子商務服務企業拓展農村業務，支持組建區域性農村電子商務協會等行業組織，成立專業服務機構等。為農村電子商務發展提供諮詢、人員培訓、技術支持、網店建設、品牌培育、品質控制、行銷推廣、物流解決、代理營運等專業化服務，引導市場主體規範有序發展，培育一批扎根農村的電子商務服務企業。

(十一) 鼓勵農民依託電子商務進行創業

實施農村青年電子商務培育工程和巾幗電子商務創業行動。以返鄉高校畢業生、返鄉青年、大學生村幹部、農村青年、巾幗致富帶頭人、退伍軍人等為重點，培養一批農村電子商務帶頭人和實用型人才，切實發揮他們在農村電子商務發展中的引領和示範作用。指導具有特色商品生產基礎的鄉村開展電子商務，吸引農民工返鄉創業就業，引導農民立足農村、對接城市，探索農村創業新模式。各類農村電子商務營運網點要積極吸收農村婦女、殘疾人士等就業。

四、加強農村電子商務基礎設施建設

(十二) 加強農村寬帶、公路等設施建設

完善電信普遍服務補償機制，加快農村信息基礎設施建設和寬帶普及，推進「寬帶中

國」建設，促進寬帶網路提速降費，積極推動4G和移動互聯網技術應用。以建制村通硬化路為重點加快農村公路建設，推進城鄉客運一體化，推動有條件的地區實施公交化改造。

（十三）提高農村物流配送能力

加強交通運輸、商貿流通、農業、供銷、郵政各部門和單位及電子商務、快遞企業等相關農村物流服務網絡和設施的共享銜接，發揮好郵政點多面廣和普遍服務的優勢，逐步完善縣鄉村三級物流節點基礎設施網路，鼓勵多站合一、資源共享，共同推動農村物流體系建設，打通農村電子商務「最後一千米」。推動第三方配送、共同配送在農村的發展，建立完善農村公共倉儲配送體系，重點支持老少邊窮地區物流設施建設。

五、創建農村電子商務發展的有利環境

（十四）搭建多層次發展平臺

鼓勵電子商務基礎較好的地方積極協調落實項目用地、利用閒置廠房等建設農村特色電子商務產業基地、園區或綜合營運服務中心，發揮孵化功能，為當地網商、創業青年和婦女等提供低成本的辦公用房、網路通信、培訓、攝影、倉儲配送等公共服務，促進網商在農村的集聚發展。支持地方依託第三方綜合電子商務平臺，開設地方特色館，搭建區域性電子商務服務平臺。促進線下產業發展平臺和線上電子商務交易平臺的結合，推動網路經濟與實體經濟的融合。研究建立適合農村情況的電子商務標準、統計制度等。發揮各類農業信息資源優勢，逐步覆蓋農產品生產、流通、銷售和消費全程，提高市場信息傳導效應，引導農民開展訂單生產。

（十五）加大金融支持力度

鼓勵有條件的地區通過拓寬社會融資渠道設立農村電子商務發展基金。鼓勵村級電子商務服務點、助農取款服務點相互依託建設，實現優勢互補、資源整合，提高利用效率。提高農村電子商務的大數據分析能力，支持銀行業金融機構和支付機構研發適合農村特點、滿足農村電子商務發展需求的網上支付、手機支付、供應鏈貸款等金融產品，加強有關風險控制，保障客戶信息安全和資金安全。加大對電子商務創業農民的授信和貸款支持。充分利用各地設計開發的「青」字號專屬金融產品，或依託金融機構現有產品，設計「青」字號電子商務創業金融服務項目，支持農村青年創業。協調各類農業信貸擔保機構，簡化農村網商小額短期貸款辦理手續，對信譽良好、符合政策條件的農村網商，可按規定享受創業擔保貸款及貼息政策。

（十六）加強培訓和人才培養

依託現有培訓項目和資源，支持電子商務企業、各類培訓機構、協會對機關、企業、農業經營主體和農民等，進行電子商務政策、理論、營運、操作等方面培訓。有條件的地區可以建立專業的電子商務人才培訓基地和師資隊伍，努力培養一批既懂理論、又懂業務、會經營網店、能帶頭致富的複合型人才。引導具有實踐經驗的電子商務從業者返鄉創業，鼓勵電子商務職業經理人到農村發展。進一步降低農村電子商務人才就業保障等方面的門檻。

（十七）規範市場秩序

加強網路市場監管，打擊制售假冒偽劣商品、虛假宣傳、不正當競爭和侵犯知識產權

等違法行為，維護消費者合法權益，促進守法誠信經營。督促第三方交易平臺加強內部管理，規範主體准入，遏制「刷信用」等詐欺行為。維護公平競爭的市場秩序，營造良好創業營商環境。推進農村電子商務誠信建設。加強農產品標準化、檢驗檢測、安全監控、分級包裝、冷鏈倉儲、加工配送、追溯體系等技術、設施的研究、應用和建設，提高對農產品生產、加工和流通等環節的質量管控水平，建立完善質量保障體系。

（十八）開展示範和宣傳推廣

開展電子商務進農村綜合示範，認真總結示範地區經驗做法，梳理典型案例，對開展電子商務創業的農村青年、農村婦女、新型農業經營主體和農村商業模式等進行總結推廣。加大宣傳力度，推動社會各界關注和支持農村電子商務發展。加強地區間溝通與交流，促進合作共贏發展。

電子商務進農村是三農工作的新領域。各地要加快轉變政府職能，打破傳統觀念和模式，大膽探索創新，加強組織領導，加強部門溝通協調，改進工作方式方法，提升政府服務意識和水平，推動農村電子商務健康快速發展，促進農村現代市場體系建立完善，加快推進農業現代化進程。

附件：農村電子商務發展重點工作

工作名稱	工作內容	牽頭部門
一、農村青年電子商務培育工程	加強農村青年電子商務培訓，引導農村青年運用電子商務創業就業，提高農村青年在縣、鄉、村電子商務服務體系建設中的作用。	共青團中央
二、「快遞向西向下」服務拓展工程	完善中西部、農村地區快遞基礎設施，發揮電子商務與快遞服務的協同作用，提升快遞服務對農村電子商務的支撐能力和水平。	郵政局
三、電子商務扶貧工程	在貧困縣開展電子商務扶貧試點，重點扶持建檔立卡貧困村貧困戶，推動貧困地區特色農副產品、旅遊產品銷售。	扶貧辦
四、巾幗電子商務創業行動	建立適應婦女創業的網路化、實訓式電子商務培育模式，借助互聯網和大數據，助推農村婦女創業致富。	全國婦聯
五、電子商務進農村綜合示範	培育一批農村電子商務示範縣，健全農村電子商務支撐服務體系，擴大農村電子商務應用領域，提高農村電子商務應用能力，改善農村電子商務發展環境。	財政部、商務部

政策三：推進農業電子商務發展行動計劃

當前，農業電子商務發展迅猛，正在深刻改變著傳統農產品流通方式，成為加快轉變農業發展方式、完善農產品市場機制、推動農業農村信息化發展的新動力，對發展現代農業、繁榮農村經濟、改善城鄉居民生活的作用日益凸顯。與此同時，中國農業電子商務發展仍處在初級階段，面臨著基礎設施條件差、標準化程度低、流通鏈條不完整、市場秩序不規範、誠信體系不健全、配套政策不完善等困難和問題，亟須提高認識，採取有效措施

切實加以解決。為認真貫徹落實 2015 年中央 1 號文件、十二屆全國人大三次會議和《國務院關於大力發展電子商務加快培育經濟新動力的意見》（國發〔2015〕24 號）、《國務院關於積極推進「互聯網+」行動的指導意見》（國發〔2015〕40 號）的部署要求，發揮農業電子商務在培育經濟新動力、打造「雙引擎」、實現「雙目標」方面的重要作用，積極實施「互聯網+」現代農業行動，紮實推進農業電子商務快速健康發展，努力把農業電子商務打造成為大眾創業、萬眾創新的平臺，提出以下行動計劃。

一、深刻認識推進農業電子商務發展的重大意義

（一）推進農業電子商務發展是完善農產品市場機制的重要舉措。黨的十八屆三中全會指出要使市場在資源配置中起決定性作用。實踐證明，電子商務可以為傳統農產品產銷注入信息化元素，以信息流帶動物流、技術流、人才流、資金流，即時反應供求狀況，解決市場信息不對稱問題，提升農產品生產者話語權，拓展新渠道、新客源和新市場；能夠有效促進產銷銜接，降低流通成本，同時有利於穩定市場預期、減緩價格波動，是建立健全現代農產品流通體系的必然要求。迫切需要通過加快發展農業電子商務，有效引導市場主體廣泛參與，促進資源要素合理有序流動，消除妨礙公平競爭的制約因素，推動全國農產品統一市場的進一步完善，更好地發揮市場配置資源的決定性作用。

（二）推進農業電子商務發展是促進現代農業發展的重要途徑。發展現代農業的基礎和前提是市場化，農業電子商務是農業市場化的重要組成部分，是現代服務業的重要內容。推進農業電子商務，將產業鏈、價值鏈、供應鏈等現代經營管理理念融入農業，可以促進現代信息技術與傳統農業全面深度融合，推動農業生產由以產品為中心轉變為以市場為導向、以消費者為中心，倒逼農業生產標準化、品牌化，優化農業生產佈局和品種結構，發展高產、優質、高效、生態、安全農業，實現農業發展方式根本性轉變，提高農業產業素質和國際競爭力，為新型工業化、信息化、城鎮化和農業現代化同步發展拓展新的空間、增添新的動力。

（三）推進農業電子商務發展是擴大和提升消費需求的重要動力。在經濟新常態下，擴大和提升消費需求對促進經濟發展的關鍵作用日益凸顯。促進電子商務創新發展，是實施「互聯網+」行動的重大舉措，對主動適應經濟發展新常態、打造經濟社會發展新引擎、有效應對經濟下行壓力具有重要現實意義。推動農業電子商務發展是順應消費方式、生活方式深刻變化的現實需要，可以滿足不同消費群體的個性化、多樣化、便捷性需求，能夠突破購銷的時空限制，進一步挖掘市場需求潛力，促進消費轉型升級。同時，農業電子商務的發展，還可以創新流通方式，帶動農業生產資料和消費品下鄉，加快形成城鄉產品和要素市場雙向流動的新格局，激活農村消費市場活力，讓農村居民分享信息經濟發展的成果。

（四）推進農業電子商務發展是加快轉變政府職能的客觀要求。在充分發揮市場配置資源決定性作用的同時，要更好發揮政府作用，為市場主體創造良好發展環境，切實加強公共服務、市場監管、社會管理等職責。農業部門在繼續抓好農業生產的同時，應更加重視搞活農產品流通，創新農業生產資料下鄉渠道。農業電子商務作為農產品流通和農業生產資料銷售的新業態，在發展的過程中出現了一些新情況新問題，需要政府部門轉變觀念、轉變職能，切實把推進農業電子商務發展作為一項重要工作來抓，加強政策創設和規劃制

定，健全農產品和農業生產資料市場信息監測預警體系、標準體系、質量安全追溯體系、誠信體系和法律法規建設，強化市場監管和行政執法，努力營造安全可信、規範有序的農業電子商務發展環境。

二、指導思想、基本原則和總體目標

（五）指導思想。全面貫徹黨的十八大和十八屆三中、四中全會精神，以鄧小平理論、「三個代表」重要思想、科學發展觀為指導，深入貫徹習近平總書記系列重要講話精神，按照中央1號文件的部署要求，緊緊圍繞農業農村經濟發展「兩個千方百計，兩個努力確保，兩個持續提高」的目標任務，以改革創新為動力，以加快轉變農業發展方式、有效提升消費需求為主線，強化頂層設計和政策引導，著力解決農業電子商務發展中的困難和問題，著力完善制度、機制和模式，著力營造開放、規範、誠信、安全的發展環境，為加快實現農業現代化和城鄉發展一體化提供新的動力。

（六）基本原則。一是市場主體，政府引導。正確處理好市場與政府的關係，充分發揮市場主體作用，提高農業電子商務資源配置效率，同時加強政策、規劃、信息指導，強化制度建設和市場監管，為農業電子商務發展創造良好環境。二是統籌兼顧，重點突破。注重農村與城市相結合、農產品與農業生產資料和消費品相結合、線上與線下相結合，分類別、分階段、分區域拓展和推動農業電子商務應用。重點探索鮮活農產品與農業生產資料的電子商務模式，支持發展產地田頭市場、城鄉倉儲、冷鏈物流、終端配送，突破發展瓶頸。三是創新驅動，示範引領。推動技術創新、管理創新、服務創新和制度創新，將移動互聯網、雲計算、大數據、物聯網等新一代信息技術貫穿到農業電子商務的各領域各環節，切實增強自主創新能力。注重典型引路和示範帶動，因地制宜探索發展適應當地實際的農業電子商務模式。四是規範有序，健康發展。在發展中求規範，以規範促發展。立足需求導向，堅持必要和可行的原則，明確方向和重點，採取先易後難、循序漸進的策略，找準切入點和突破口，有力有序推進，避免盲目跟風，保障農業電子商務快速健康持續發展。

（七）總體目標。到2018年，農業電子商務基礎設施條件明顯改善，制度體系和政策環境基本健全，培育出一批具有重要影響力的農業電子商務企業和品牌，電子商務在農產品和農業生產資料流通中的比重明顯上升，對完善農產品和農業生產資料市場流通體系、提升消費需求、繁榮城鄉經濟的作用顯著增強。

三、重點任務

（八）積極培育農業電子商務市場主體。圍繞提升新型農業經營主體電子商務應用能力、支持農產品和農業生產資料網路行銷、推進農業生產性服務線上交流與交易、壯大農業電子商務企業的發展目標，培育農業電子商務市場主體，推動形成各類市場主體競相發展農業電子商務的新格局。

專項行動1——能力提升行動：積極參與國家電子商務專業技術人才知識更新工程，開展新型農業經營主體培訓。充分利用新型職業農民教育、農村實用人才培訓等項目，重點組織專業大戶、家庭農場、農民合作社等新型農業經營主體和農業企業負責人，聯合有關教育培訓機構、電子商務企業，開展電子商務平臺使用、農產品和農業生產資料網上經營

策略和技巧培訓，有計劃培養一批有理論和實踐能力的農業電子商務人才，切實提高新型農業經營主體電子商務應用能力。

專項行動2——平臺對接行動：充分發揮農業、商務部門牽線搭橋的作用，積極組織、引導電子商務企業，加強農業電子商務業務建設。依託各類會展平臺和論壇，組織專業大戶、家庭農場、農民合作社等新型農業經營主體、農產品經銷商、國有農場和農業企業等，開展形式多樣的交流活動，對接各類涉農電子商務平臺和電子商務信息公共服務平臺，有效銜接產需信息，促進農產品和農業生產資料實現網上銷售。

專項行動3——電子商務拓展行動：加強政策和信息引導，鼓勵綜合型電子商務企業拓展農業電子商務業務，扶持垂直型農業電子商務企業發展壯大，推動電子商務企業適當降低農業電子商務門檻，引導有條件的傳統農產品流通企業和農業生產資料生產經銷企業發展電子商務。

（九）著力完善農業電子商務線上線下公共服務體系。探索農產品和農業生產資料線上與線下協同發展模式，完善農產品監測預警、質量標準和追溯體系，推動農業電子商務相關數據信息開放共享，實現農業全產業鏈數據互聯互通，完善農業電子商務線上線下公共服務體系，為農業電子商務提供公共服務支撐。

專項行動4——網路集貨行動：構建農產品網路集貨平臺，依託農產品產地市場，完善電子商務平臺集貨對接功能，引導在集貨過程中實現標準化、規模化，提高重複性購買產品的一致性。

專項行動5——產品推介行動：完善農產品展示推介平臺，在繼續做好農產品行銷促銷工作的同時，集中打造網上展示大廳，推動「名特優新」「三品一標」「一村一品」農產品上網行銷，加強宣傳推介，提高農產品網路銷售的公信力、信譽度和美譽度。

專項行動6——信息共享行動：健全農產品市場信息監測預警體系，強化農產品產銷動態監測統計，拓展信息獲取渠道，加強農產品市場信息預警分析，及時全面準確發布農產品生產、消費、貿易、庫存、成本收益、價格及未來趨勢等市場信息，加大農產品質量安全信息發布公開力度，推動涉農數據信息開放共享。

專項行動7——質量監管行動：完善農產品質量標準和質量安全追溯體系，加快農產品質量、包裝標準制修訂進程，健全「名特優新」「三品一標」「一村一品」等電子商務基礎數據庫，健全國家農產品質量安全追溯管理信息系統，推進農藥、獸藥、肥料等農業投入品追溯系統建設，探索與涉農電子商務企業建立數據共享機制，實現質量可追溯、責任可追查。

專項行動8——運行保障行動：建立農業生產經營全產業鏈電子商務公共服務平臺，在各行業各領域大力推進電子商務發展基礎上，實現種植、畜牧、水產以及種子、化肥、農藥、獸藥、飼料、農機等電子商務信息共享和互聯互通，為農業電子商務協同快速發展提供公共服務。健全誠信體系，整合銀行、稅務、工商、質檢、商務等領域和電子商務相關主體的信用信息，推行信用檔案制度，淨化市場環境，提高農業電子商務信任度。

（十）大力疏通農業電子商務渠道。加強與相關部門的溝通協調、形成合力，加快推動網路、物流、冷鏈、倉儲等基礎設施建設，鼓勵相關經營主體開展技術、機制、模式創新，深入推進信息進村入戶，開展電子商務進農村綜合示範，為全面發展農業電子商務創造良

好條件、提供經驗。

專項行動9——渠道延伸行動：深入推進信息進村入戶試點，加強部省12316三農綜合信息服務體系建設，加快村級信息服務站建設，支持開展電子商務業務，為農民提供信息諮詢、代賣代購等服務。加快完善農村物流體系佈局，實施快遞「向西」「向下」工程，推動農村綜合服務社、超市、郵政「三農」服務站、村郵站、快遞網點等基層農村物流節點建設，鼓勵物流快遞企業向鄉、村延伸業務。

專項行動10——市場轉型行動：指導支持農產品電子商務企業有效銜接農產品品種、產量、產地、收穫時期等生產者信息，促進農產品網路銷售。鼓勵產地和銷地農產品批發市場開展信息技術、經營方式、服務模式等創新，充分發揮線上與線下相結合的優勢，推動批發市場創新發展農產品電子商務。促進農產品批發市場流通基礎設施、質量檢測設備、產品流通渠道等應用於農產品電子商務。

專項行動11——模式創新行動：推動電子商務企業、國有農場、農民合作社與城市社區開展合作，共同設立農產品體驗店、自提點和提貨櫃，試點「基地+城市社區」的鮮活農產品直配模式。推動銷地批發市場發揮優勢，支撐電子商務發展，探索滿足城市日常消費的「批發市場+宅配」模式。鼓勵種子、農藥、化肥等農業生產資料企業，依託各地村級信息服務站探索「放心農資進農家」模式。配合相關部門支持電子商務企業建立海外行銷渠道，創立自有品牌，推動跨境農業電子商務發展。

專項行動12——基礎支撐行動：加快農村寬帶基礎設施建設，擴大第四代移動通信網路在農村的覆蓋面。支持農業生產基地加強規模化、標準化、智能化和質量追溯能力建設。鼓勵有條件的地方建設農業電子商務產業基地、物流園、創業園。支持電子商務市場主體在農村和城市建設倉儲、冷鏈、分級包裝、智能配貨等設施設備，改善農業電子商務發展的基礎條件。

（十一）切實加大農業電子商務技術創新應用力度。按照「需求牽引、重點跨越、支撐發展、引領未來」的原則，開展農業電子商務發展戰略研究，突破核心關鍵技術，制定完善相關標準、法規，大力推廣先進實用信息化技術在流通等領域的應用，全面提升農業電子商務技術創新應用能力。

專項行動13——技術創新行動：加強農業電子商務核心關鍵技術研發，著力在核心芯片、射頻識別、智能終端、系統集成、網路與信息安全以及大數據處理、應用軟件等共性和關鍵技術研發應用上取得突破，加大自主知識產權保護力度，加快建立以企業為主體、市場為導向、產學研用相結合的技術創新體系。

專項行動14——示範推廣行動：積極參與國家電子商務示範城市建設。繼續開展兩年一次的農業農村信息化示範基地申報認定工作，並向農業電子商務傾斜，引導各類新型農業經營主體入駐電子商務平臺，樹立農業電子商務企業典型。支持移動互聯網、雲計算、大數據、物聯網等新一代信息技術在農業電子商務全鏈條中的示範應用。鼓勵金融機構、非銀行支付機構為農業電子商務企業、物流企業及相關用戶提供安全、高效的支付服務，在農村地區推廣網上支付、手機支付等支付方式。推進農產品批發市場電子商務技術應用，加快推進農產品電子結算、電子交易、電子拍賣、電子商務應用，提高流通效率和信息公開程度。

專項行動15——標準推進行動：鼓勵支持電子商務企業制定適應電子商務的農產品產品質量、分等分級、產品包裝、物流配送、業務規範等標準，鼓勵支持快遞企業制定適應農業電子商務產品寄遞需求的定制化包裝、專業化服務等標準。加快農產品、農業生產資料產品質量國家、行業標準和生產技術規程制修訂進程，加快國家農業標準化示範縣建設，引導各類電子商務主體共同建立農產品標準化生產示範基地。同時研究制定農業電子商務技術標準和業務規範。

專項行動16——政策研究行動：依託各有關直屬單位，與有關科研和教學單位、企業合作開展發展戰略研究，追蹤熱點問題，提出政策建議，編製農業電子商務發展年度報告。鼓勵各級發展改革、農業、商務部門會同有關部門組織相關科研、教學單位和企業聯合開展農業電子商務重大問題研究，為規劃制定和政策措施出抬提供決策參考。加快建立以企業為主體、市場為導向、產學研用相結合的技術創新體系，推動農業電子商務相關技術中心、工程中心、重點實驗室建設。

專項行動17——智庫應用行動：在每年中國電子商務創新發展峰會和農業信息化高峰論壇期間組織舉辦農業電子商務分論壇，支持地方、行業組織、企業舉辦論壇、研討會，總結交流各地推進農業電子商務發展的好做法、好經驗、好模式，研究農業電子商務發展過程中遇到的困難和問題，引導農業電子商務快速健康發展。

（十二）加快完善農業電子商務政策體系。按照「政府引導，市場主體」的原則，強化頂層設計和政策創設，配合有關部門優化農業電子商務相關審批事項和流程，推動落實支持農業電子商務發展扶持政策，充分發揮市場在資源配置中的決定性作用，為農業電子商務發展提供良好政策環境。

專項行動18——政策支撐行動：聯合相關部門，大力加強農業電子商務政策創新，推動出抬並落實支持農業電子商務發展的用地、用水、用電、用網等政策，建立健全適應電子商務發展的多元化、多渠道投融資機制。配合相關部門全面清理農業電子商務領域現有前置審批事項，無法律法規依據的一律取消，嚴禁違法設定行政許可、增加行政許可條件和程序。

專項行動19——硬件支撐行動：針對農產品流通的特殊性，積極爭取各級政府對田頭集貨、產地預冷、冷藏保鮮、分級包裝、冷鏈物流、運輸車輛、集散倉儲、城市配送設施等方面建設給予扶持，按照相關規定，對符合條件的納入農機購置補貼、農產品產地初加工補助項目等支持範圍。鼓勵保險公司開展鮮活農產品配送質量保險試點。

專項行動20——營運支撐行動：積極推動成立農業電子商務標準化技術專業委員會、協會。組織相關科研和教學單位、企業開展農業電子商務核心和關鍵技術研發。經認定為高新技術企業的農業電子商務企業依法享受相關優惠政策。推進信息進村入戶，積極爭取農村信息服務站建設、信息員培訓，以及政府購買公益服務支持。鼓勵新型農業經營主體應用電子商務平臺開展農產品上線行銷、市場推廣，指導新型職業農民、大學生村幹部、返鄉農民工、農村經紀人、農村信息員等依託電子商務創業。

四、保障措施

（十三）強化組織領導。各級發展改革、農業、商務部門要進一步提高認識、轉變觀

念,把農業電子商務作為創新農產品流通、建設現代農業、繁榮農村經濟的重要舉措予以推進。加強相關工作力量,明確負責機構和人員,注重調查研究,制定推進方案,細化政策措施,狠抓任務落實,會同有關部門形成工作合力,為農業電子商務快速健康發展提供組織保障。

(十四)強化制度建設。積極參與電子商務法律法規建設,圍繞市場監管和公共服務職能職責,配合有關部門制定完善誠信經營、公平競爭、權益保護、信息公開、網路安全、行政執法等方面的規章制度。嚴格執法,嚴厲查處違法違規行為,切實保障相關市場主體和消費者合法權益,同時加強部門合作,避免多頭重複執法。引導行業組織制定行業規範和服務要求,加強行業自律和信用評價。

(十五)強化示範宣傳。將農業電子商務與「互聯網+」現代農業行動以及農業物聯網、大數據應用示範統籌推進,推動農業電子商務納入國家電子商務示範城市和智慧城市建設內容。將農業電子商務作為農業農村信息化示範基地、國家現代農業示範區、農業社會化服務示範縣建設與認定的重要指標,培育和樹立一批具有引領示範作用的農業電子商務企業。及時總結農業電子商務發展經驗、運行模式,加強先進典型的宣傳和推廣,努力營造社會各界關注和支持農業電子商務發展的良好氛圍。

國家圖書館出版品預行編目(CIP)資料

電子商務扶貧理論與實踐 / 起建凌 著. -- 第一版.
-- 臺北市：崧燁文化，2018.08

面 ； 公分

ISBN 978-957-681-444-0(平裝)

1.電子商務 2.貧窮 3.中國

490.29　　　　107012354

書　名：電子商務扶貧理論與實踐
作　者：起建凌 著
發行人：黃振庭
出版者：崧燁文化事業有限公司
發行者：崧燁文化事業有限公司
E-mail：sonbookservice@gmail.com
粉絲頁　　　　　　　網　址：
地　址：台北市中正區重慶南路一段六十一號八樓815室
8F.-815, No.61, Sec. 1, Chongqing S. Rd., Zhongzheng Dist., Taipei City 100, Taiwan (R.O.C.)
電　話：(02)2370-3310　傳　真：(02) 2370-3210
總經銷：紅螞蟻圖書有限公司
地　址：台北市內湖區舊宗路二段121巷19號
電　話：02-2795-3656　傳真：02-2795-4100　網址：
印　刷：京峯彩色印刷有限公司（京峰數位）

　　本書版權為西南財經大學出版社所有授權崧博出版事業股份有限公司獨家發行電子書繁體字版。若有其他相關權利需授權請與西南財經大學出版社聯繫，經本公司授權後方得行使相關權利。

定價：300 元

發行日期：2018 年 8 月第一版

◎ 本書以POD印製發行